ulmer

Elke Schwarzer

RICHTIG GUTE PFLANZEN FÜR INSEKTEN

Die besten Blüten für maximal viele Bienen, Schmetterlinge & Käfer

MEHR RESPEKT FÜRS INSEKT!

VON NULL AUF INSEKTENGARTEN

Haben Sie ein Lieblingsinsekt? Vielleicht mögen Sie die Garten-Wollbiene, die Streifenwanze oder den Schwalbenschwanz?

Für unsere Prominenz suchen wir doch gern die passenden Pflanzen heraus. Aber oft fragt man sich dann, ob die ausgesuchten Stauden, Sträucher oder Bäume denn auch für andere Insekten gut sind, die vielleicht nicht so bunt und auffällig wie unsere Wunsch-Gartengäste sind – und ob es nicht noch besser ginge mit einer ganz anderen, ebenso schönen Pflanze.
In diesem Buch möchte ich Ihnen Zahlen liefern zu einer Auswahl an Pflanzen, die aus meiner Sicht einen rundum gelungenen Insektengarten ergeben. Ganz konkret erfahren Sie, wie viele Wanzenarten, Käfer, Wildbienen, Raupen, Schmetterlinge und wie viele Insekten und Verwandte insgesamt von der jeweiligen Pflanze leben. Sollte Ihr Herz also den Käfern gehören, können Sie sich die besten Käferpflanzen herauspicken. Oder Sie wählen einfach die Gewächse mit dem Highscore über alle Nutznießer aus.
Dazu gibt es weitere Anregungen für einen maximal guten Insektengarten, denn natürlich brauchen viele Insekten nicht nur Grünzeug, sondern auch Behausungen, von Totholz bis zur Trockenmauer.
Bestimmt haben Sie nach der Lektüre noch viel mehr Lieblingsinsekten und vor allem bald einen quicklebendigen Garten!

ES SUMMT & BRUMMT IM BUCH

DER GARTEN ALS INSEKTENMAGNET
Seite 4

PFLANZENWISSEN

SCHON ENTDECKT?

SERVICE
Seite 137

» Ein Kleiner Feuerfalter auf der Schafgarbe.

DER GARTEN ALS INSEKTEN-MAGNET

Ein Garten kann mehr als summen. Er knistert, wenn eine Libelle jagt, oder knuspert, wenn eine Wespe Holz nagt. Wie schafft man ein Refugium für alle?

BITTE RECHT INSEKTENFREUNDLICH!

Insektenfreundlichkeit ist in aller Munde – doch was heißt das überhaupt?

Meist meint man damit *bienen*freundlich und auch damit meist nur die Honigbiene. Das treibt mitunter seltsame Blüten, wenn amerikanische Blumen mit dem Titel bienenfreundlich vermarktet werden, in Wahrheit aber nur Honigbienen, die nicht gefährdet sind, und manche Wildbienenmännchen daran auftauchen. Zur Arterhaltung muss aber auch das Wildbienenweibchen Pollen für den Nachwuchs an der Blüte sammeln. Und hier hapert es bei vielen angepriesenen Bienenweiden. Auch sind Wildbienen, wie Scheren- oder Schmalbienen, oft sehr klein und den Honigbienen zahlenmäßig unterlegen, sodass man schon Zeit und ein gutes Auge braucht, um sie wahrzunehmen. Die großen Generalisten wie Honigbiene und Hummel fallen eher auf. Selbst als Bestäuber sind Honigbienen meist gar nicht besser als Wildbienen, da sie das Pollensammeln perfektioniert haben: Fest gepackt klebt der Pollen an den Höschen, sodass auf der nächsten Blüte kaum etwas davon verloren geht. Wildbienen aber tragen den Pollen lockerer und können dadurch besser bestäuben.

Honig- versus Wildbiene

Honigbienen liefern Honig, was sie für uns natürlich interessant macht. Sollte man sich also zum Imker fortbilden, Honig schlecken dürfen und etwas gegen das Bienensterben tun? Die Wirkung von Pestiziden auf Insekten fiel zwar bei den Bienenvölkern als Erstes auf, doch es sind alle Insekten betroffen, und Honigbienen sind keine bedrohte Art, sondern unsere hofierten Haustiere, ihre Staaten fallen in die Kategorie betreutes Wohnen. Honigbienen werden auch oft zur Nahrungskonkurrenz. Allein durch ihre Größe können sie eine kleinere Wildbiene vergraulen, wenn sie sich neben sie auf eine Blüte plumpsen lassen. Sogar Übergriffe wurden jüngst dokumentiert, als eine Honigbiene einer Goldenen Steinbiene den gesammelten Pollen unterm Hintern weggeklaut, also von deren Bauchbürste geerntet hat, was seltenere Arten noch weiter in Bedrängnis bringt. Auch wurde nachgewiesen, dass Krankheiten und Parasiten wie der Krüppelflügelvirus über Blüten und Futterstellen von Honigbienen auf Hummeln übertragen werden – je mehr Bienenstöcke, umso mehr Gefahr für die Hummeln. Es braucht also keinen Bienenstock, um etwas gegen das Insektensterben oder für eine gute Apfelernte zu tun. In diesem Buch gehe ich daher auch nicht auf den Nektar- und Pollenwert einer Pflanze ein, denn Wildbienen wissen schon, was sie brauchen.

Der insektenfreundliche Garten

Von den richtigen Pflanzen abgesehen gibt es wichtige Maßnahmen, mit denen man Insekten und andere Tiere mit beliebig vielen Beinen im Garten fördern kann:

- **Keine Pestizide verwenden:** Ob Herbizid, Fungizid oder Insektizid, sie alle tragen zum Insektensterben bei und eliminieren Nahrungsnetze.
- **Lieber organisch als mineralisch düngen:** Mineralischer Dünger vergrault das Bodenleben, von dem viele Krabbler abhängen.
- **Laub liegen lassen:** Herbstlaub wird Humus, nachdem eine ganze Armada von Vielfüßern sich mit ihm beschäftigt hat – Laub lebt!
- **Licht aus!** Die Gartenbeleuchtung lockt viele Nachtfalter und andere Insekten in den Tod. Bewegungsmelder sind besser als Dauerbrenner, LEDs besser als andere Leuchtmittel.
- **Einen Kompost anlegen:** Hier entwickeln sich Nashorn- und Rosenkäferlarven und es entstehen ausgeklügelte Nahrungsnetze – ganze Krabbelgruppen wohnen hier.
- **Offene Bodenstellen zulassen:** Ob sandige Bereiche oder Pflasterfugen, sie sind für bodennistende Hautflügler als Kinderstube wichtig.
- **Rasen nicht düngen und weniger mähen:** Ohne Dünger wird er schütter und bietet Platz für Wildblumen und Sandbienen, seltener mähen bringt mehr Blüten.
- **Vertikutier-Verzicht beim Rasen:** Dies erhält Wildbienennester.
- **Schottergärten entsteinen:** Hier ist der Boden unzugänglich für alle Arten und damit biologisch tot.
- **Sträucher nur auslichten:** Der „Hausmeisterschnitt", bei dem man an den Gehölzen die Spitzen schneidet, damit sie kugelrund und kompakt werden, bringt viele Falter um ihre liebsten Eiablageplätze. Nimmt man Zweige komplett heraus, sind an den übrigen Ästen alle leckeren Knospenstadien und auch mehr Blüten vorhanden.
- **Fallobst liegen lassen:** Nicht nur Drosseln und Wespen lassen es sich schmecken. Auch der Admiral hat ein Faible für süße Säfte.
- **Verfall tolerieren:** Der Admiral liebt Birkensaft, einige Schwebfliegen brauchen Baumsäfte oder leben in Baumpilzen.

» Das Männchen der Kleinen Harzbiene saß immer wieder auf der Dahlie, doch lieber mag die Art Natternkopf, Sonnenröschen, Fingerkraut, Luzerne und Hornklee.

Gute Wahl im Gartencenter?

Jetzt aber: Wie findet man insektenfreundliche Pflanzen? Oft wird geraten, im Gartencenter zu schauen, wie viele Tiere eine Pflanze anfliegen, und sich dann für die mit dem Highscore zu entscheiden. Da rund um die Verkaufstische aber selten natürliche Bedingungen herrschen, wird man eher die Langstreckenflieger entdecken, wie Honigbienen und Hummeln, spezialisierte Arten aber kaum. Raupen und Blattsauger wird man meist gar nicht finden, höchstens wirklich hartgesottene, denn oft sind viele Baumarktpflanzen sogar noch mit Pestiziden belastet – obwohl sie ein Etikett mit einer lächelnden (Honig-)Biene tragen.

» Der Zweiundzwanzigpunkt- oder Pilz-Marienkäfer (*Psyllobora vigintiduopunctata*) ernährt sich als Larve und Käfer von Mehltau.

Meist fokussiert sich die Werbung ausschließlich auf Bestäuber, wobei auch dies nicht selten nur Honigbienen umfasst. Dieses Buch soll zu einem gleichberechtigten Insektengarten ohne Diskriminierung anregen, der nicht nur „nützliche" Bestäuber wie Honigbienen umfasst, sondern auch still und leise vor sich hin schlürfende Wanzen, pollenfutternde Rosenkäfer oder für uns völlig nutzlose Blattläuse. Uns darf gern eine Laus über das Leberblümchen laufen, denn eine Pflanze wird erst durch saftsaugende oder blattfressende Spezies so richtig superinsektenfreundlich, auch wenn sie wie die Brennnessel keinen einzigen Bestäuber juckt. Selbst Mehltau kann Glück bringen, wenn der Zweiundzwanzigpunkt-Marienkäfer ihn futtert. So ein Garten für alle Arten ist dann gleichzeitig vogel-, spinnen- und fledermausfreundlich!

Holo- oder hemimetabol? Die Kinderstube der Insekten

Der Entwicklungszyklus der Sechsbeiner lässt sich in zwei Varianten einteilen: Da sind zum einen die **hemimetabolen Kandidaten**. Sie schlüpfen aus dem Ei, häuten sich ein paarmal, bekommen bei der letzten Häutung ihre Flügel verpasst und sind auch schon erwachsen. Ein Puppenstadium brauchen sie nicht. Zu diesen Direktentwicklern zählen Wanzen, Heuschrecken, Zikaden, Libellen, Blattläuse, Fangschrecken und andere. Die holometabolen Ordnungen dagegen, wie Käfer, Schmetterlinge, Haut- und Zweiflüger, haben ein Larvenstadium, das kaum dem erwachsenen Insekt gleicht. Sie verpuppen sich und schließlich schlüpft etwas völlig anderes – aus der Raupe wird ein schöner Schmetterling.
Im Garten heißt das: Viele hemimetabole Insekten futtern als Larve, die hier auch Nymphe genannt wird, haargenau dasselbe

wie ihre Eltern. Wanzen-Babys saugen an der gleichen Pflanze wie das erwachsene Rüsseltier, ebenso wie Heuschrecken jeder Altersklasse das gleiche Grün kauen. Die Streifenwanze zum Beispiel legt Eier an die Samen der Wilden Möhre und die adulten Tiere hocken dann einträchtig neben den tarnfarbigen Nymphen an ein und demselben Samenstand. Das macht es uns sehr einfach, für diese Zielgruppe den Menüplan aufzustellen.

Anspruchsvoller ist die elitäre Gesellschaft der **Holometabolen**. Das Larvenstadium sieht nicht nur anders aus, es frisst auch oft etwas völlig anderes als das erwachsene Tier. Nicht alle sind so leicht zufriedenzustellen wie der Aurorafalter: Der Falter schlürft zum Beispiel an den Blüten der Knoblauchsrauke, die Raupe frisst später die sich entwickelnden Schoten – wir haben also wenig Arbeit mit dieser Art und müssen nur Knoblauchsrauke pflanzen. Die meisten Schmetterlinge nehmen zwar von vielen Pflanzen Nektar auf, möchten aber als Larve bitte schön eine ganz bestimmte Futterpflanze. Bienen und Käfer brauchen sogar oft ganz eigene Strukturen im Garten, um sich vermehren zu können. Die Larven des Pinselkäfers etwa leben in drögem Totholz, verspeisen als adulte Flieger aber bunte Blütenpollen. Wildbienen brauchen Nistplätze und die richtigen Blüten für den Nachwuchs. Möchten wir also keinen reinen Wanzengarten anlegen, brauchen wir neben den richtigen Pflanzen alle möglichen Elemente im Garten.

Für Maurer und Blattschneider: gute Insektenhotels

An den Nisthilfen für Mauerbiene und Co. kann man gut sehen, was Wildbienen und solitäre Wespen außer Blüten noch brauchen: Nistmaterial! Die einen sammeln nassen Lehm, um die Zwischenwände und Nestverschlüsse in den hohlen Stängeln und Holzbohrlöchern zu bauen, andere wie die Blattschneiderbienen nagen dazu Stücke aus Rosen- oder Ahornblättern. Die Distel- und die Stahlblaue Mauerbiene zerkaut Blattstücke zu einem grünen Brei, um die Niströhre zu verschließen. Die Löcherbiene arbeitet kleine Steinchen und Baumharz in den Nestverschluss ein – Nadelbäume im Garten sind also nicht so grundverkehrt. Die Natternkopf-Mauerbiene mischt abgenagte Holzfasern mit Lehm – Totholz in der Nähe ist wichtig. In der Natur wären diese Hohlraumbewohner auf offene Stängel und Käferfraßgänge in Holz angewiesen, im Garten kann man ihnen mit einem gut gebauten Bienenhotel helfen. In Hartholz, zum Beispiel in Eichenstämme, lassen sich mit dem Bohrer Löcher herstellen, möglichst splitterfrei und mit Durchmessern zwischen 2 und 8 mm, so ist für alle etwas dabei. Alternativ eignen sich Bambusröhren oder Staudenstängel waagerecht gebündelt, auch diese müssen hohl und frei von nach innen zeigenden Pflanzenfasern sein, damit sich die Tiere nicht die Flügel verletzen. Ein nicht zu engmaschiges Gitter in einigem Abstand zu den Nistelementen schützt vor Meisen- und Spechtattacken und ein Dach vor Regen.

Manche Hersteller verkaufen Mauerbienenkokons gleich mit dem Bienenhotel mit. So verlockend dies ist, wäre es doch eine Verfälschung der heimischen Fauna, da diese Art vielleicht regional nicht vorkommt. Oder aber die vorhandene Population hat sich an das lokale Klima angepasst und wird nun durch Tiere aus anderen Regionen mit anderen Anpassungen verwässert. Meistens sind es ohnehin häufige Arten, die verkauft werden. Sie kommen ganz von allein und wo sie fehlen sollten, wären die gekauften Bienen wohl dem Untergang geweiht.

Trittbrettfahrer

Ein gut besuchtes Bienenhotel zieht auch immer Parasiten an. Wollschweber sind häufige Gäste, vor allem der Gewöhnliche Trauerschweber. Er wirft seine Eier einfach in die Nistgänge hinein und parasitiert eine ganze Reihe von Wildbienenarten. Die Larve verputzt erst den Pollenvorrat, der eigentlich der Bienenlarve zusteht, dann die Larve. Gern gesehene Gäste mit ihren metallisch schimmernden Farben sind die Goldwespen. Sie parasitieren in den Nestern von solitären Wespen oder Wildbienen, je nach Art. Weniger beliebt ist die Taufliege *Cacoxenus indagator*, die stets etwas verschlagen um die Nester – vor allem von Mauerbienen – herumlungert. Bei ihr ist man immer versucht einzugreifen, aber auch sie ist Natur. Mehrere kleine Bienenhotels werden weniger stark parasitiert als ein einzelnes großes. Auch die im Boden nistenden Arten wie die Sandbienen haben Parasiten, wie Milben, mehrere Arten Wollschweber sowie die hübsch gezeichneten Wespenbienen und andere Kuckucksbienen, also Bienen, die bei anderen Bienen schmarotzen. Die Frühlings-Pelzbiene wird von der Gemeinen Trauerbiene (*Melecta albifrons*) heimgesucht. Wo Wildbienenarten aussterben, ist das auch der Untergang der vielen mehr oder weniger spezialisierten Parasiten. Man sollte sie also gewähren lassen und mit guten Nistmöglichkeiten sowohl den Wirt als auch die Trittbrettfahrer fördern.

» Der kuschlige Woll-Ziest ist ein Herzensbrecher und Lebensmittelpunkt für die Garten-Wollbiene.

Heimisch gleich heimelig

Mit heimischen Pflanzen kann man bei den Insekten immer punkten. Sie haben sich in langer Zeit an sie angepasst, daher findet man dort auch im Schnitt mehr Nutznießer als an exotischen Arten. Man muss aber nicht gleich den ganzen Garten entrümpeln – 60 Prozent heimische Pflanzen sind schon ein guter Wert, man darf sich also ruhig etwas gönnen. Unter den nichtheimischen sind es vor allem die ohnehin vom Klimawandel gebeutelten Hortensien, die für den Insektengarten ungeeignet sind, da sie höchstens Generalisten etwas bieten. Bambus hat selten Blüten, wird nicht von Raupen genutzt und fördert die Artenvielfalt eher post mortem als Baumaterial für Insektennisthilfen. Winterblühende Arten wie der chinesische Bodnant-Schneeball können aber von Zitronenfalter und Admiral ein Alibi bekommen, wenn die Falter in einem milden Winter zu früh aufwachen und keine anderen Blüten finden. Auch die Duft-Heckenkirsche ist prima, wenn Hummeln schon im Februar von der trügerischen Wärme geweckt werden. Gut kombinieren lässt sie sich mit winterblühenden *Helleborus*-Arten. So entsteht eine blühende Rettungsinsel. Der Woll-Ziest aus Vorderasien dient der Garten-Wollbiene als Pollenquelle und liefert wolliges Nistmaterial. Bei heimischen Arten gibt es oft verlockende Sorten, die weniger wuchern und mit einer neuen Blattfarbe prunken, wie das Scharbockskraut 'Brazen Hussy' mit violettem Laub. Für Bestäuber ist dies nicht schlimm, grüne Raupen werden hier aber mehr auffallen und schneller im Meisenmagen landen. Die Blüten exotischer Arten können sogar zur Falter-Falle werden, wie die *Dipladenia* oder die Rosa Nachtkerze (*Oenothera speciosa*), denn das Taubenschwänzchen kann hier mit dem Rüssel steckenbleiben.

Der Biodiversitätsindex und andere Kennzahlen

Bei den Pflanzenporträts ab Seite 30 finden Sie vorwiegend heimische Pflanzen mit Nutzen für Insekten. Die Zahl der Arten an **Wildbienen**, **Raupen**, **Schmetterlingen**, **Käfern** und **Wanzen**, die von ihnen profitieren, wird möglichst immer mit angegeben. Die Zahl der Wildbienenarten basiert auf Westrich: „Die Wildbienen Deutschlands", ergänzt um Hummeln, Wespenbienen und eigene Beobachtungen. Die Anzahl wird oft höher liegen als angegeben, da Kuckucksbienen, Männchen und auch Weibchen, die keinen Pollen sammeln, meist nicht erfasst werden. Auch die anderen Zahlen erheben keinen Anspruch auf Vollständigkeit und können höher sein als angegeben.

Die Superzahl mit **Sternsymbol** – der Biodiversitätsindex – gibt zusätzlich die Gesamtzahl aller Insekten und Verwandten (zum Beispiel Milben) an, die eine Pflanze parasitisch nutzen, also Blattfresser, Saftsauger, Bohrer, Gallerreger, Minierer usw. Dies sind all jene Beziehungen, auf die die Pflanze gut verzichten könnte, wenn man sie fragen würde, die aber von großem ökologischen Wert sind: Ohne Blattläuse keine Blattlauslöwen, Marienkäfer oder Schwebfliegen, ohne Raupen keine Schmetterlinge und auch keine Raupenfliegen, ohne pflanzensaftsaugende Wanzen keine Wanzenfliegen – am Ende profitieren sogar Vögel, Fledermäuse, Spitzmäuse, Igel und viele andere von der Ausbeutung der Pflanze durch ihre Parasiten. Je höher der Biodiversitätsindex, umso besser kann eine Pflanze also Nahrungsnetze aufspannen. Heimische Pflanzen haben tendenziell eine höhere Zahl, sind aber auch einfach besser erforscht als Neuankömmlinge in unserer Flora. Die Quelle des Biodiversitätsindex ist die Seite „Plant Parasites of Europe" (Zahl bereinigt um Pilze und Prädatoren, räuberische Wanzen wurden dann bei den Wanzen mitgezählt, Service Seite 139).

JETZT GEHT'S LOS: FRÜHBLÜHER FÜR FRÜHE INSEKTEN

Der Sommer ist die Hochzeit der Insekten, doch auch im Frühling gibt es hungrige Sechsbeiner zu füttern – von Admiral bis Zitronenfalter.

Die ersten der Saison haben als Falter überwintert, zum Beispiel Tagpfauenauge, Kleiner Fuchs, Admiral, Zitronenfalter und C-Falter. Bald schlüpfen Weißlinge und Aurorafalter aus ihren Puppen. Auch viele Schwebfliegen, die Frühlings-Pelzbiene, Hummelschweber und Hummelköniginnen sind Frühaufsteher, die nun Pollen und Nektar serviert bekommen möchten. Krokusse, Wildtulpen, Blausternchen (*Scilla bifolia* und *S. siberica*) und Traubenhyazinthen sind robust, sehen gut aus, vermehren sich ganz von allein und bieten frühen Insekten Nahrung – eine Win-Win-Situation für uns und die Tiere. An *Scillas* ist die Zweifarbige Sandbiene zu finden, die durch den blauen Pollen schnell zur dreifarbigen wird.

» Traubenhyazinthen bieten Nahrung für Wollschweber und Wildbienen. Die oberen Blüten sind steril und nur Show.

Für Rüsseltiere und Ameisenkuriere

In eingewachsenen Gärten mit guter Humusauflage und gestandenen Gehölzen, die Schatten bieten, sind Hohler und Gefingerter Lerchensporn gut für leere Bäuche. Der Zitronenfalter ist hier Stammgast. Während die Frühlings-Pelzbiene, die zusätzlich mit Lungenkraut gelockt werden kann, an den Blüten mit dem langen Sporn ihren ebenso langen Rüssel artig von unten hineinführt und die Blüte so netterweise bestäubt, beißen Erdhummelköniginnen ein Loch hinein, sodass der arme Lerchensporn bald ganz zerkaut aussieht. Seine Samen sind glänzend schwarz und haben ein weißes Anhängsel, das Elaiosom. Dies ist ein Leckerbissen für Ameisen, die den glatten Samen an diesem praktischen Griff packen und ins Nest bringen. Dort wird der unnütze Samen entsorgt. Weit weg von der Mutterpflanze kann er keimen und bald ist der Garten übersät mit Lerchenspornen, die nach der Blüte rasch einziehen.

Stiefmütterchen müssen sein

Sie sind bei Naturgärtnern verpönt, vor allem die großen, glotzäugigen Garten-Stiefmütterchen (*Viola × wittrockiana*), doch wo der Kleine Perlmuttfalter fliegt, kann man Acker-, Garten-, Wilde Stiefmütterchen oder Horn-Veilchen pflanzen, denn darauf legt er Eier ab. Die Pflanzen sollte man ihm zuliebe als Bioware kaufen oder aussäen. Horn-Veilchen und Verwandtschaft danken es uns mit langer Blütezeit von April bis Oktober – so lange fliegt auch der Falter. Die Pflanzen säen sich auf offenen Böden selbst aus. Andere wie der Silberfleck-Perlmuttfalter brauchen Hain-, März-, Raues oder Hunds-Veilchen. Damit kann man in Waldnähe auch den Kaisermantel locken, allerdings muss man sie an Baumstämme pflanzen, da er die Eier stiefmütterlich an den Stamm legt und die Raupe hinab zu den Veilchen laufen muss.

» Der Sibirische Blaustern lockt frühe Wildbienen in den Garten, hier ein Männchen der Rostroten Mauerbiene.

Eine Etage höher

An Weiden finden sich einige Spezialisten unter den Wildbienen, wie die Weiden-Sandbiene und die Frühlings-Seidenbiene, aber auch Tagfalter. Für kleine Gärten eignen sich Schweizer, Stumpfblättrige und Purpur-Weide oder auf Stamm veredelte Hänge-Kätzchenweiden. Nur die allseits beliebte Harlekinweide ist in Insektenkreisen nicht sonderlich gefragt. An Kornelkirschen findet man Honigbienen, die Rotpelzige Sandbiene und Schwebfliegen. Der giftige Seidelbast lockt Falter und macht sich klein im Schattenbeet. Holzbienen besuchen sogar Exoten wie den Winterjasmin.

ALLES BIENE ODER WAS?
BLÜTEN FÜR ALLE!

Niemand möchte den Bienen den Rang als Experten im Befruchten von Pflanzen absprechen, doch es gibt noch weitere Insekten, die hier auch zu ihrem Rühmchen kommen sollen.

Käfer kennen sich seit dem Mesozoikum, seit über 200 Millionen Jahren, mit der Bestäubung von Blüten aus. Magnolien, Seerosen oder der Tulpenbaum mit entwicklungsgeschichtlich sehr alten und primitiven Blüten setzen auf Käfer. Einige sind behaart, wie Pinsel- oder Immenkäfer, und wälzen sich geradezu im Pollen, sodass auch immer etwas im Pelz haften bleibt und zur nächsten Blüte getragen wird. Typische Käferblüten sind für korpulente Krabbler frei zugänglich und bieten den Pollen freimütig an – ohne komplizierte Verschlussmechanismen und Schlagbaumtechnik, wie man sie von Bienenblüten, zum Beispiel vom Salbei, her kennt. Da Käfer eher tollpatschige Flieger und im Schwirrflug nicht gut sind, brauchen sie einen Landeplatz, den sie nicht verfehlen können. Viele Käferblumen duften und haben entweder sehr große Blüten oder sind aus vielen kleinen, dicht stehenden Einzelblüten zusammengesetzt, wie Goldrute, Schafgarbe oder Wilde Möhre. Rosenblüten stehen bei Käfern hoch im Kurs, aber auch die sogar ganz ohne Blütenblätter auskommende Akeleiblättrige Wiesenraute.

» Der Immenkäfer, hier an Meerrettich, ist mit seiner Behaarung ein guter Bestäuber.

Unter den Käferfamilien tun sich besonders Bunt-, Weich- und Stachelkäfer bei der Bestäubung hervor. Zu den Buntkäfern gehört zum Beispiel der hübsche Immenkäfer, den man auf allen möglichen Blüten finden kann. Weichkäfer machen sich zusätzlich durch das Verzehren von Blattläusen nützlich. Auch wenn die ganz großen Tiere, wie der Rosenkäfer, auch gern mal komplette Pollenpakete und die Blütenblätter der Rose gleich mit verputzen, sind sie doch gute Bestäuber.

Wespen: haarlose Bestäuber

Wespen sind nah mit Bienen verwandt, doch im Gegensatz zu ihren vegetarischen Verwandten sind staatenbildende, parasitische oder solitäre Wespen spärlich behaart, sodass Pollen schlecht an ihnen haften bleibt. Die Larven werden außerdem mit anderen Insekten oder ähnlich eiweißreichen Quellen gefüttert oder sie entwickeln sich parasitisch. Daher haben Wespen mehr Interesse an Nektar als an Pollen. Und doch gibt es Ausnahmen, bei denen die Bestäubung durch Wespen effektiver ist als durch Honigbienen: Typische Wespenblumen sind die Braunwurzarten wie die Knotige Braunwurz. Blüten, die gezielt Wespen anlocken, haben für uns eher wenig attraktive Farben, leicht erreichbaren und manchmal sehr üppig fließenden Nektar und oft einen für Wespen verlockenden Duft.

» Die Knotige Braunwurz ist bei Wespen besonders beliebt, aber auch bei Ackerhummeln. Für uns wirkt sie unscheinbar, die Blätter duften aber.

Für die Spätschicht

Was den Wespen an Behaarung fehlt, haben Motten im Überfluss. Frühere Studien untersuchten nur, wie gut Pollen am Rüssel haftet, neue Studien wurden dagegen am pelzigen Bauch und an der behaarten Brust fündig: Dort bleibt Pollen hängen. Der hohe Artenreichtum mit Unterschieden in Statur und Größe macht Motten zu wichtigen Bestäubern, allen voran Eulenfalter und Spanner, sodass einige Pflanzen extra für sie späte Öffnungszeiten bei Nacht anbieten. Mottenblüten duften oft und haben eine helle Farbe, die auch bei Mondschein gut gesehen wird. Ihre Kronröhren sind meist lang in Anpassung an den Rüssel, wie bei Wald-Geißblatt, Taubenkropf-Leimkraut, Nickendem Leimkraut, Weißer Lichtnelke, Nachtkerze oder Seifenkraut.

STÄNGEL STEHEN LASSEN

Staudenstängel und Zweige können über den Winter Puppenwiege sein bzw. Insekteneier beherbergen. Die Schere darf sich also über eine ausgedehnte Winterruhe freuen.

Zunächst die Entwarnung: Stängel, die im letzten Sommer geblüht haben, wie die von Königskerzen, Disteln oder Beifuß, können im Frühjahr noch keine markbewohnenden solitären Wespen oder Wildbienen enthalten. Zur Besiedlung bräuchte es den nächsten Sommer. Möchte man Arten wie die Dreizahn-Mauerbiene oder Keulhornbienen fördern, schneidet man die alten Stängel also am besten im Frühjahr ab, entfernt Blätter, alte Blüten und Seitentriebe und bindet sie senkrecht einzeln oder gebündelt an Stäben oder Zäunen an. Geeignet dafür sind auch Brombeer- und Himbeerzweige. Diese und Wildrosen werden oft direkt am Strauch besiedelt, wenn man alte Zweige kappt. Verschiedene Durchmesser fördern mehr Arten.

Psst, Puppenruhe!

Schmetterlingspuppen, die angeheftet an Stängeln überwintern, brauchen mehr Aufmerksamkeit. Aurorafalter oder Schwalbenschwanz hängen sich zur Verpuppung oft direkt an die Futterpflanze. Da hängen sie bis zum Schlupf gut und werden in Ruhe gelassen. Entweder man sucht alles nach den Puppen ab, die durch ihre grüne Farbe zumindest im Winter auffallen, oder wartet bis zur Flugzeit der Falter, also bis März

» Ein Ei vom Nierenfleck-Zipfelfalter im Winter an einer Pflaume. Wenn die Blüten sich öffnen, ist die Raupe gleich zur Stelle.

oder April, mit dem Schnitt. Da die Winter durch den Klimawandel unterschiedlich mild und lang ausfallen, lässt sich kein genaues Datum für den Schnitt geben. Doch Vorsicht: Die Puppen vom Auroralter verlieren zum Frühling hin ihre grüne Farbe und Schwalbenschwanzpuppen gibt es auch in Braun. Weniger Sorgen muss man sich um die Eier der Hausmutter machen: Die Gelege werden im Spätsommer gern an Stängeln angebracht, die Raupen schlüpfen bald und wandern Richtung Boden. Solange man den Rückschnitt nicht schon im Herbst erledigt, ist alles gut.

Käfer- und Fliegenlarven, die in Staudenstängeln fressen, brauchen mehr Zeit. Wenn die Stängel im Frühjahr stören, kann man sie in einer Gartenecke lagern. Da Sturm und Schnee die Stauden natürlicherweise zu Boden ringen – besonders Wasserdost ist hinfällig – kann man die Strünke auch luftig und waagerecht lagern. Die matschigen Stängel vom Beinwell legen sich freiwillig hin und werden zu Mulch – auch hier leben Dipterenlarven. Idealerweise wählt man einen warmen Tag für den Frühjahrsputz, damit an den Stängeln ruhende Insekten flüchten können. Die Basis der Staudenreste darf stehen bleiben. Zum einen gewinnt man so eine unfehlbare Markierung der Pflanzstelle, zum anderen nutzen Asseln, Ohrenkneifer und Wanzen die Hohlräume.

» Schwalbenschwanzraupen verpuppen sich oft an Staudenstängeln und brauchen beim Rückschnitt Beachtung.

Scherenschnitt bei Sträuchern

Der perfekte Zeitpunkt für den Gehölzschnitt ist artabhängig. Die Eier vom Nierenfleck-Zipfelfalter überwintern an den Ästen von Schlehe oder Pflaume. Die Verpuppung erfolgt etwa im Juni. Hier bietet sich ein Sommerschnitt zum Johannistag an. Leben auch Raupen vom Segelfalter an Schlehe oder Felsen-Kirsche, schneidet man in dem kurzen Zeitfenster, wenn die erste Generation fliegt und noch keine Eier gelegt hat, das heißt im Juli oder August, oder im Winter, wenn die Puppen der zweiten Generation in Bodennähe angeheftet sind. Man muss sich also bei jeder Art erkundigen, wann sie bewegungslos am Strauch hockt. Und der Schnitt darf nicht mit dem Vogelschutz kollidieren.

NERVIGE NAHRUNG FÜR INSEKTEN: DIE BESTEN UNKRÄUTER

Manche Gartenbewohner lieben, was wir hassen: Ungebetene grüne Gäste, die sich im Beet breitmachen. Dabei sind das oft die Pflanzen, die bei Insekten ganz oben auf der Hitliste stehen.

Wenn es nach dem Aurorafalter ginge, würde er die Knoblauchsrauke zu seinem Lieblingsunkraut küren. Hier legt das Weibchen Eier ab, nachdem es – wie viele andere Tagfalter – Nektar an den Blüten getrunken hat. Die Raupen knabbern die grünen Schoten. Die Rotsilberne Langhornmotte (*Cauchas rufimitrella*) wird dem Aurorafalter beipflichten. Sie braucht als Raupe ebenfalls die Schoten, bohrt die Eier aber hinein. Frisst die Larve im Inneren, wird die Schote durchsichtig. Bis etwa Mitte Mai lebt sie an der auch für uns essbaren Pflanze, dann lässt sie sich fallen und wohnt fortan am Boden.

Rankende Delikatesse

Der Gundermann umgarnt die Stauden mit seinen Ranken, uns möchte er mit blauen Blüten und essbaren Blättern umgarnen. Der Frühlings-Pelzbiene wäre es ganz recht, wenn wir die Staude eher als Küchenkraut betrachten und gewähren lassen. Sie besucht die Blüten ebenso gern wie die Taubnesselarten und den Kriechenden Günsel. Der Violette Gundermann-Blattkäfer, der als erwachsenes Tier auf großem Fuß lebt mit breiten Tarsen, braucht die Blätter. Das anhängliche Kletten-Labkraut klettert noch besser und lässt sich von uns auch noch durch den Garten tragen. Sein prominentester Kunde ist das Taubenschwänzchen,

» Wie ein Gespenst: Die Weiße Winden-Federmotte wirkt wie aus Vogelfedern zusammengesteckt. Die Raupen brauchen Winden.

» Löwenzahn ist der Hit bei Insekten. Die Weiden-Sandbiene braucht Weiden, doch die großen Blüten sind ein prima Rendezvousplatz, auch für kleine Käfer.

dessen Raupe das Laub futtert, genau wie viele Spanner, die Hausmutter oder der Kleine Weinschwärmer.

Wuchernde Wurzelunkräuter

Nichts geht uns so auf den Geist wie Giersch. Im Staudenbeet kann er lästig werden, weil er seine Ausläufer einfach nicht bei sich behält. Unter Hecken oder wo immer man einen pflegeleichten Bodendecker braucht, kann er dienlich sein. Immerhin ernähren sich 13 Wildbienenarten von seinem Pollen, Tagfalter besuchen die Blüten.
Nichts für Zartbesaitete ist auch die Zaunwinde. Sie ringt Stauden zu Boden oder wickelt Sträucher ein. An der Benjeshecke oder in einem Inselbeet im Rasen mit Rankgerüst, wo sie nicht ausbrechen kann, zeigt sie ihre großen weißen Blüten und ernährt die Raupen der Weißen Winden-Federmotte und vom weitgereisten Windenschwärmer, der aus dem Mittelmeerraum zu uns fliegt.

Sauer macht lustig

Der Sauerampfer und seine raublättrigen Verwandten gewinnen bestimmt keinen Schönheitspreis, obwohl ihre Samenstände im sommerlichen Gegenlicht schon gut aussehen, aber sie sind wichtig für die Lederwanze und die Raupen des Kleinen Feuerfalters. Man kann Sauerampfer auch kulinarisch betrachten und ihn im Kräuterbeet ziehen, genauso wie den größeren Garten- oder Gemüse-Ampfer. Auch essbar und bei Raupen beliebt sind Wegeriche. Der Spitz-Wegerich und vor allem der Schönling, der Mittlere Wegerich, sehen sogar passabel aus und ihre Blüten werden von Schmalbienen besucht. Als Dankeschön für so viel Insektenfreundlichkeit lindern ihre Blätter auch den Juckreiz nach Mückenstichen.

Gelb und gut

Das Rasenunkraut schlechthin, der Wiesen-Löwenzahn, beliefert rekordverdächtige 70 Wildbienenarten mit Pollen, vor allem Sandbienen, aber auch Furchenbienen, Hummeln und den Zitronenfalter. Wenn das kein Grund ist für mehr Lässigkeit im Rasen?

WILD AUF INSEKTEN: BLUMENWIESEN

Das Beste, was man Insekten angedeihen lassen kann, ist eine Wiese. Hier blüht immer was und die grasfressenden Schmetterlingsraupen finden auch ihre Weidegründe.

Der schwierigste Teil ist das Anlegen. Sandige, magere Böden funktionieren von Hause aus gut, zu nährstoffreiche aber lassen nur fette Gräser und Löwenzahn wachsen. Blumenwiesen blühen aber nur, wenn die Übermacht der Gräser in Zaum gehalten wird. Dies erreicht man durch Abmagern des Bodens. Entweder man macht sich die Mühe und trägt ihn ab oder mischt ihn mit Sand und feinem Splitt. Das Mähgut wird abgetragen, nachdem die Samenstände ihre Fracht fallen lassen konnten, auch dadurch wird der Standort magerer. Die Ansaat einer Mischung, in der Klappertopf enthalten ist, hält die Gräser zusätzlich klein, denn dieser hübsch blühende Schmarotzer zapft ihre Wurzeln an. Am besten sät man eine qualitativ hochwertige Blumenwiesenmischung mit vielen heimischen Arten, möglichst aus regionaler Ernte, die über Jahre stabil bleibt. Sogar für schattige Bereiche gibt es Mischungen.

» Bei einer Sommermahd gibt es viele Kollateralschäden: Dieses frei an Labkraut angeheftete Feldwespennest würde es nicht überleben.

Wann mähen und wie?

Die artenreichsten Wiesen werden einmal im Jahr gemäht. Mäht man gar nicht, würde die Fläche irgendwann verbuschen, und das sogar ziemlich schnell, denn Birken und Ahorn lassen ihre Samen weit fliegen.

» Die schöne Schafgarbe wartet oft schon sehnsüchtig im Rasen darauf, dass dieser wachsen darf.

Möchte man den Lebensweg der Insekten möglichst wenig beschneiden, bietet sich eine Mahd im Herbst oder zeitigen Frühjahr an, wenn die meisten Tiere in Winterruhe sind. Dabei nicht zu tief mähen, um am Boden liegende Überwinterungsstadien zu schonen: 10 cm Höhe sind ideal. Wer mit der Sense umgehen kann, arbeitet besonders schonend. Öffentliche Grünstreifen werden leider oft mit dem Mulchmäher bearbeitet, hierbei werden viele Insekten geschreddert und der Mulch führt dazu, dass die Fläche zu nährstoffreich wird.
Bei einer Sommermahd mäht man von innen nach außen, damit flüchtende Insekten nicht am Ende auf einem Fleck versammelt sind, und nicht alles auf einmal, sondern im Abstand von ein paar Wochen, damit Blüten nachwachsen können und den Insekten nicht die gesamte Nahrung verloren geht. Dann kommt die Kür: Naturgartenprofis haben gute Erfahrung damit gemacht, einzelne Flecken gar nicht zu mähen, sondern eine Mahd auszulassen. So können sich in den Stängeln fressende Käfer und Fliegen ganz in Ruhe entwickeln.

Manche gehen sogar noch einen Schritt weiter und arbeiten Störstellen in die Wiese ein, indem sie den Boden an einigen Stellen aufbrechen, so wie es auch die Weidetiere tun würden. So entwickeln sich Pflanzenarten, die offenen Boden brauchen, und auch viele Insekten lieben solche Plätze. Mit Glück hat man hierbei sogar kleine Helfer: Maulwürfe schaffen genau solche Störstellen hauptberuflich.

Die Kür: Mist für Käfer

Noch mehr Weideflair entsteht mit dem Auslegen von Kuhmist an ein paar Stellen, sodass auch Dungkäfer und nährstoffliebende Pflanzen ein Zuhause finden – aber eben nur partiell kuhfleckenartig, die Wiese soll insgesamt mager bleiben. Mit dem Mist bringt man eine neue Dimension in die Wiese ein, hier tummeln sich Käfer, Fliegen und Ameisen. Allerdings muss man bei der nach Landleben duftenden Beigabe darauf achten, Mist von nicht entwurmten Tieren zu bekommen, sonst erreicht man das Gegenteil und die Dungkäfer erleiden Schaden.

SANDARIUM: SANDKASTEN FÜR SECHSBEINER

Während Holzhackschnitzel und Mulch aus Astschnitt das Metier von holzbewohnenden Käfern sind, lieben viele der im Boden nistenden Wildbienen sandige Bereiche oder wenigstens lockeren, offenen Boden.

Ungefähr zwei Drittel der Wildbienenarten nistet im Boden, dazu kommt noch der ganze Tross an Kuckucksbienen und Wollschweber-Arten, die ihnen auflauern, was die Zahl der Nutznießer noch einmal vergrößert. Auch Sandlaufkäfer jagen und nisten in Sand. Ist Ihr Gartenboden ohnehin schon sandig, haben Sie es leicht: Pflanzen Sie einfach weniger dicht, sodass offene Bodenstellen sichtbar sind, die sich in der Sonne erwärmen können – und die Insekten lassen nicht lange auf sich warten. Auf schwerem Boden muss man den Sand extra ausbringen, nachdem man zunächst das alte Erdreich 50 cm tief entfernt hat. Haben Sie noch einen alten, nicht mehr bespielten Sandkasten im Garten, ist das die Chance, ohne viel Arbeit ein Sandarium für Wildbienen anzulegen. Gestalten Sie den Rand einfach naturnah um mit Totholz oder Steinen, dann sieht alles stimmig aus, und los kann's gehen mit der Buddelei.

Auch an anderen sonnigen Stellen kann durch das Auftragen von Feinsand ein geeignetes Habitat für Insekten angelegt werden – von allen mineralischen Mulchmaterialien ist Sand das insektenfreundlichste, während Kiesbeete das Graben erschweren. Ein interessanter Nebeneffekt: Ohnehin schon trockenheitsverträgliche

» Hosenbienenweibchen sind unermüdliche kleine Schaufelbagger. Sie brauchen offene Bodenstellen, das können wie hier auch Sandwege sein.

» Steine, einzelne Stauden und Sand ergänzen sich gut, wenn die Pflanzen nicht flächendeckend wachsen. Vielleicht kommen auch Eidechsen ins Sandarium.

Pflanzen schicken ihre Wurzeln weit durch den Sand bis in den darunterliegenden Boden, was sie noch dürrefester macht.

Die Kundschaft

Sandbienen wie die Weiden-Sandbiene, Hosenbienen, die Efeu- und die Frühlings-Seidenbiene bilden oft große Kolonien an sandigen Stellen oder in schütterem Rasen. Ihre Nester graben sie bis zu 40 cm in den Boden, meist sind es 20–30 cm Tiefe. Daher und wegen ihrer geselligen Lebensweise ist es schwierig, diese Tiere mit einem sandgefüllten Behälter auch auf Balkon oder Terrasse zu locken. Dies gilt auch für den Bienenwolf: Während die Weibchen sich zum Übernachten flache Nester graben, können die Gänge mit den Brutzellen bis zu 1 m lang sein. Nicht ganz so tief graben die Weibchen der Pförtner-Schmalbiene oder Fliegenspießwespen, sodass es einen Versuch wert sein kann, ein Sandarium im Kübel anzubieten, es wird aber nie so ein Erfolg werden wie ein großes im Garten.

Möchte man auch Eidechsen fördern, ist eine Umrandung aus Steinen sinnvoll. Ameisenlöwen mögen am liebsten trockene Stellen, wo sie den Ameisen eine Grube mit lockerem Sand wie in einer Sanduhr graben, sie erfreuen sich daher an überhängenden Steinen. Zum Schutz vor Übergriffen durch Katzen, die sandige Stellen gern als Katzenklo betrachten, eignen sich dornige Zweige, die man locker über den Sand legt. Kleinere Steine, die man hier und da auslegt, sind eine gute Ergänzung. Die Männchen der Natternkopf-Mauerbiene nutzen sie gern zum Ausruhen und als Ausguck.

Schmalspur-Sandarium

Ist kein Platz für eine große Bienen-Buddelkiste, sind auch sandige Pflasterfugen ein beliebter Nistplatz bei Wildbienen wie Schmalbienen oder der Bärtigen Sandbiene. Bei Fugenbreiten ab 5 mm kommen die Tiere bequem unter. Je kleiner die Pflastersteine, umso mehr Fugenfläche ist vorhanden.

TOTHOLZ: FESTE NAHRUNG UND GUTER NISTPLATZ

Wenn es im Holzhackschnitzelhaufen plötzlich knabbert und knuspert, ist das ein Grund zur Freude: Hier sind Rosen- oder Nashornkäferlarven am Werk! Auch andere Insekten lieben Totholz.

Findet man die Engerlinge im Kompost oder in den Hackschnitzeln, liegt der Verdacht nahe, dass es sich um schädliche Larven von Maikäfern oder Gartenlaubkäfern handelt, die auch lebende Pflanzen anfressen. Doch die dicken Engerlinge, die sich in den drögen Totholzhaufen tummeln, lassen Pflanzenwurzeln links liegen und machen sich durch Humusaufbau nützlich. Auch aus Holzhäckseln angelegte Wege können zur Kinderstube von großkalibrigen Käfern werden, vielleicht sogar vom Hirschkäfer. Schreddert man im Garten also den Astschnitt selbst und bringt ihn im Hochbeet oder Kompost, als Wegbelag oder in einer extra für Käfer angelegten Kuhle aus, gewinnt man schnell die Herzen dieser Insekten.

» Totholz als Raumteiler. Mit Rinde ist es sehr gefragt, denn darunter fressen und überwintern Raubplattkäfer, Schwarzkäfer, Springschwänze und andere.

Totholz auf allen Ebenen

Doch auch am Stück ist Totholz nützlich: Sterben Obstbäume ganz oder teilweise ab, kann man ihnen, sofern sie sicher stehen, mit einer Kletterrose oder Clematis berankt zum zweiten Frühling verhelfen. Holzbienen, die Totholz-Blattschneiderbiene und die Wald-Pelzbiene finden sich dann ein, je nach Verrottungszustand des Holzes. Auch Käferlarven profitieren von alten Bäumen, vor allem verschiedene Bockkäferarten. Mulmbewohnende Schwebfliegenlarven lieben Astlöcher als Lebensraum.

Auch Baumstümpfe bieten sich als Insektenhotel an: Anstatt sie komplett zu zerfräsen, kann man sie nur auf der Schnittkante anbohren oder mit der Kettensäge bearbeiten, sodass oben ein Hohlraum entsteht, in dem sich Wasser sammeln kann. Die Sägespäne verbleiben im Bohrloch. So bildet sich ein Milieu mit hoher Bakteriendichte, was totholzbewohnende Schwebfliegen anlockt. Modernde Kiefernstümpfe können zum Beispiel die Hundeschnauzenschwebfliege beherbergen. Die Gemeine Langbauchschwebfliege (*Xylota segnis*) kommt häufig in Gärten vor. Ihre Larven machen sich über Sägemehl und Baumsäfte her oder leben unter der Rinde von morschen Baumstämmen. Soziale Faltenwespen nutzen Totholz zudem gern als Lieferant für das Pappmaché, aus dem sie ihre Nester bauen. Wo so viel Leben tobt, sind auch Räuber nicht weit: Kamelhalsfliegenlarven machen unter der Rinde Jagd auf Borken- und Bockkäfer.

» Unbehandelte Balken und Pfosten eignen sich gut als Totholz. Umgarnt von Blüten wie hier sieht es auch richtig gut aus.

Ab in den Käferkeller!

Auch in kleinen Gärten ohne alte Bäume kann man Totholz kompakt als Käferkeller anbieten. Zunächst schaufelt man eine Grube, die ein bis zwei Spaten tief in den Boden reicht und am besten einen Quadratmeter umfasst. Hier hinein stellt man Totholzstämme beliebiger Dicke und Höhe. Eiche, Buche und Obstbäume sind besonders geeignet. Kleinere Äste, alte Baumwurzeln, Sägemehl oder Holzhackschnitzel füllen die Zwischenräume und sorgen für Stabilität. Obenauf kann man noch Falllaub anhäufen. Die Beetumrandung kann ebenfalls aus Totholz angelegt werden, zum Beispiel als kleiner Weidenflechtzaun oder mit liegenden Stämmen. Auch Kröten halten sich hier gern auf. Da das Totholz Bodenkontakt hat und von feineren Materialien umschlossen ist, rottet es schnell und wird rasch zum begehrten Lebensraum. Wird der Mulm warm, findet sich eine andere Käferkundschaft ein als im Schatten. Hier wird also für jeden etwas geboten.

TROCKENMAUER: ALLES ANDERE ALS DRÖGE

Eine Trockenmauer ist ein schwergewichtiges Naturgartenelement, das den Garten unterteilen, in die Höhe erweitern oder einen Hang so wirkungsvoll wie dekorativ abstützen kann.

Sie wird ohne Mörtel gebaut, sodass sich Pflanzen und Tiere wie Pelzbienen, Spalten-Wollbiene, Hummeln, Eidechsen, Blindschleichen und Weinbergschnecken in den Fugen ansiedeln. Auch überwinternde Insekten finden hier ein Plätzchen. Der Stein erwärmt sich, was ein mediterranes Mikrohabitat schafft. Wärmeliebende Insekten wie die Garten-Wollbiene sonnen sich hier gern, Pflanzen wie Rundblättrige Glockenblume oder Blaukissen, die in den Fugen wachsen, locken Blütenbesucher an. Größere Hohlräume, die mit der Zeit entstehen, können sogar ganze Hummel- oder Wespenvölker aufnehmen. Leider werden diese Mauern mittlerweile von Gabionen verdrängt. Hier halten sich höchstens Spinnen oder Asseln auf. Eine Trockenmauer dagegen fördert die Artenvielfalt im Garten. Eine doppelhäuptige Trockenmauer aus zwei sich gegenüberstehenden Mauerteilen kann oben bepflanzt werden, was auch Stauden mit tieferen Wurzeln einen Lebensraum bietet, selbst die Dornige Hauhechel kann hier wachsen, mindestens aber kleine Kandidaten wie Hauswurz, Zypressen-Wolfsmilch, Grasnelke, Kleines Habichtskraut, Mauerpfeffer oder Thymian.

» Eine bepflanzte Trockenmauer bietet zahlreichen Insekten ein warmes Plätzchen und Nahrung – und kleinen Stauden einen Platz an der Sonne.

» Upcycling im wahrsten Sinne: Unschöne Waschbetonsteine können sich als Mauer geschichtet wieder sehen lassen.

Eine Mauer bauen

Trockenmauern bis 1 m Höhe kann man noch gut selbst bauen, darüber hinaus kann es ratsam sein, sich Hilfe vom Profi zu holen. Möchten Sie Weinberg- und Schnirkelschnecken fördern, deren verlassene Häuser Wildbienen als Nistplatz dienen, verwenden Sie am besten regionales Kalkgestein. Als Fundament hebt man einen etwa 40 cm tiefen Graben aus, der 30 cm hoch mit Schotter gefüllt und verdichtet wird. Nun können die Steine verlegt werden, die größten und breitesten kommen nach unten. Jede folgende Reihe Steine wird versetzt geschichtet, sodass die Fugen der unteren Reihe verdeckt werden. Mit dem Gummihammer klopft man die Steine fest. Bei einer freistehenden Mauer – die aus Stabilitätsgründen aus zwei Steinreihen besteht – sind die Seiten einander zugeneigt. Immer wieder wird die Mauer mit Schotter hinterfüllt, die oberen 20 cm mit Erde, um die Mauerkrone bepflanzen zu können. Die Fugen werden am Ende mit Erde gefüllt und entweder direkt bepflanzt oder durch Selbstversamung besiedelt, zum Beispiel von Zimbelkraut oder vom Gelben Lerchensporn – beides gute Hummelblumen. Auch größere Hochbeete oder eine Kräuterspirale lassen sich so bauen.

Für sechsbeinige Handwerker

Eine Trockenmauer lässt sich auch ganz oder teilweise als Lehmwand bauen, um kleine Baumeister wie Schornsteinwespen anzulocken. Dabei baut man die Mauer nicht ganz so hoch und lässt große Lücken zwischen den Steinen. Diese werden mit selbst angerührtem Lehm gefüllt, am besten eignet sich „Claytec Lehm-Oberputz Fein 06“. Eine Überdachung der Lehmfächer ist sinnvoll, um die Insektenbrut vor Regen zu schützen. Übrigens muss man gar nicht so dick auftragen: Eine überdachte Stelle mit Lehmboden wird von Frühlings-Pelzbienen auch als waagerechter Nistplatz genutzt, mit der Zeit entsteht hier eine große Kolonie, an der auch ihr Haus- und Hof-Parasit, die Trauerbiene, auftaucht – mit Glück auch der ebenfalls bei der Biene schmarotzende Schmalflügelige Pelzbienenölkäfer.

» Wahre Flauschies: Pyrenäen-Storchschnabel als Schlafplatz für einen Schwarzborstigen Wollschweber (*Bombylius venosus*) und eine Schmalbiene.

STAUDEN – VON ALANT BIS ZWIEBEL

Ob Balkon oder Beet: Stauden und andere bodenständige krautige Pflanzen brauchen wenig Platz und blühen bunt. Sie sind das Grundgerüst des Insektengartens.

Biodiversitäts-index (mehr dazu auf Seite 11)	Anzahl der Wildbienen-arten an der Pflanze	Anzahl der Raupenarten	Anzahl der Schmetterlings-arten	Anzahl der Käferarten	Anzahl der Wanzenarten

26 12 6 10 5 6

ECHTER ALANT

Inula helenium

STECKBRIEF

- Höhe 100–300 cm, Breite 80–100 cm
- gelbe Blüten von Juli bis August
- für Sonne oder Halbschatten
- mag einen nährstoffreichen, frischen bis trockenen Boden
- keine Gefahr durch Schnecken
- sät sich aus

Fliege, grüß mir die Sonne: Der Echte Alant wird echt groß! Die Riesenstaude braucht ein paar Jahre, bis sie richtig loslegt, aber dann lässt sie nichts anbrennen und schickt ihre Sonnenblüten in schwindelerregende Höhen. Der Nachteil: Nur mit einer Leiter kann man die Blütenbesucher sehen. Irgendwann eilt die Schwerkraft zu Hilfe und der Alant kommt dem Beobachter entgegen, was im kleinen Garten zu einer Verkehrsbehinderung führt, aber wenigstens sieht man die Insekten nun auf Augenhöhe, zum Beispiel Löcherbiene, Gelb- und Sechsbindige Furchenbiene, Seidenbienen, Hosenbiene, Distel-Mauerbiene sowie die Bunte Blattschneiderbiene. Zusätzlich thronen Hummeln auf den gelben Blüten. Auch etliche Schmetterlinge wie der Zitronenfalter suchen sie auf, um Nektar zu schlürfen. Rosenkäfer futtern lieber Pollen. Die unterseits behaarten Blätter ziehen oft Blattläuse an, sodass die ganze Armada an Räubern zu finden ist. Unterirdisch arbeitet Alant mit Wurzelläusen an der Artenvielfalt. Im Winter finden sich Raupen der Achateule am trockenen Laub, während Stieglitze oben die Samen futtern.

MEIN TIPP: Vor dem Alant kann die niedrigere Gold-Schafgarbe wachsen, was noch mehr Wildbienenarten anlockt. Falls die Alant-Blätter im Winter stören, einfach abschneiden und als Mulch im Beet liegen lassen – die Bodenfauna liebt es.

WIESEN-BÄRENKLAU

Heracleum sphondylium

Nur ein Buchstabe macht aus ihm einen harmlosen Gartengast: Während der Riesen-Bärenklau als invasiver Unheilsbringer gilt, ist der Wiesen-Bärenklau heimisch und eine Dimension kleiner, für einen Doldenblütler aber immer noch eher auf der größenwahnsinnigen Seite. Er blüht lange in Weiß und wächst in fetten Wiesen, daher auch im normalen Staudenbeet ohne den Boden abmagern zu müssen. Auf den Blütenschirmen tummeln sich Wespen (im Bild), Weich-, Bock- und Rosenkäfer sowie auch etliche Furchen-, Schmal und Sandbienenarten. Als Spezialistin tritt die Bärenklau-Sandbiene auf. Schwebfliegen lieben nicht nur die Blüten und die Blattläuse, es gibt auch zwei phytophage Arten, die Bunte und die Kleine Erzschwebfliege, deren Larven in den Wurzeln fressen. Schmetterlinge besuchen die Blüten, vor allem das Landkärtchen, das eine Vorliebe für Doldenblütler hat, aber auch Schornsteinfeger und Kaisermantel. Hier treffen sie eventuell auf die Raupen des Dreipunkt-Blütenspanners. Auch der Schwalbenschwanz kann am Bärenklau Eier ablegen. Die Samen schmecken der Streifenwanze.

MEIN TIPP: Der Bärenklau kann in der Wiese blühen oder den Solitär geben und im Staudenbeet und vor dunklen Hecken aufleuchten. Kombinieren lässt er sich mit anderen nährstoffhungrigen Nachbarn, zum Beispiel Wiesen-Bocksbart, Wiesen-Storchschnabel, Wiesen-Pippau und Großem Wiesenknopf.

STECKBRIEF

- Höhe 50–150 cm, Breite 50–100 cm
- weiße Blüten von Juni bis September
- für Sonne oder Halbschatten
- mag einen nährstoffreichen, frischen bis feuchten Boden
- heimische Staude
- Sämlinge schneckengefährdet
- sät sich aus
- Pfahlwurzler

51 13 14 10 18 4

GEWÖHNLICHER BEINWELL

Symphytum officinale

STECKBRIEF

- Höhe 30–100 cm, Breite 40–50 cm
- violette, rosafarbene oder weiße Blüten von Mai bis September
- für Sonne, Halbschatten oder lichten Schatten
- mag einen nährstoffreichen, feuchten bis leicht trockenen Boden
- heimische Staude
- keine Gefahr durch Nacktschnecken
- Heilpflanze

Er ist eine Hummelblume, an der sich die Pelzträger, Frühlings-Pelzbiene inklusive, gern aufhalten – vor allem die Ackerhummel ist Stammgast. Dann kann der Beinwell richtig laut werden, da die Hummeln an ihm Vibrationssammeln veranstalten und sich brummend den Pollen auf den Bauch regnen lassen. Die Rostrote Mauerbiene und die Holzbiene sammeln leise. Es gibt sogar eine sehr seltene Beinwell-Sandbiene. Die Beinwell-Gitterwanze lebt an der Pflanze. Die Raupen des Schönbärs, die so schön sind wie der Bär, fressen an den Blättern, ebenso wie die des Zimtbären und des Brombeerspinners, gelegentlich auch die Larven des Distelfalters. Der Zitronenfalter tankt Nektar an den Blüten, ebenso wie der Rostfarbige und der Braunkolbige Braun-Dickkopffalter und der Kleine Kohlweißling. Käfer wie der Wiesen-Beinwellrüssler und verwandte Arten rüsseln an der Staude. Blattflohkäfer und Blattläuse sind reichlich vertreten.

MEIN TIPP: Man kann die nährstoffreichen Blätter als Direktmulch verwenden oder zu Jauche verarbeiten. Wenn der Beinwell sich bei Frost flach auf den Boden legt, ist er wertvolles Futter für das Bodenleben und bis zum Frühjahr fast verschwunden.

ECHTE BETONIE, HEIL-ZIEST

Stachys officinalis, *Betonica officinalis*

Dieser kleine Schatz darf im Insektengarten nicht fehlen! Er macht alle glücklich, nur die Schnecken nicht. Die rosa Blüten sind für Schmetterlinge wie ein Leuchtsignal: Widderchen, Dickkopffalter, Schwalbenschwanz, Segelfalter, Hummelschwärmer, Weißlinge, Admiral, Zitronenfalter – alle lieben diese Staude. Auch der Pinselkäfer und Schwebfliegen schauen vorbei. Die Garten-Wollbiene (im Bild) richtet gleich ihr Revier an der Pflanze ein, um als Wegelagerer die Hummeln, die Wald- und die Vierfleck-Pelzbiene zu mobben. Holzbienen kommen meist ungeschoren davon. Sind die Samen reif, übernimmt die Nördliche Fruchtwanze den Anstich. Auffällig ist die Schwarzweiße Erdwanze. Die Raupen von Heydens Prachtfalter fressen an der Pflanze, die Art ist aber stark gefährdet. Auch der Heilziest-Langhornfalter und der Heilziest-Dickkopffalter brauchen die Staude.

MEIN TIPP: Leicht kann die Betonie aus Samen herangezogen werden. Sie wächst problemlos auch in Kübeln und Kästen und fühlt sich im sonnigen Staudenbeet genauso zu Hause wie in der Blumenwiese. Kombinieren lässt sich die Staude mit Schafgarben, Ochsenauge, Pfirsichblättriger Glockenblume, Tüpfel-Johanniskraut, Kugelköpfigem Lauch und Gräsern.

STECKBRIEF

- Höhe 20–70 cm, Breite 30 cm
- rosafarbene Blüten von Juni bis August
- für Sonne oder Halbschatten
- mag einen mageren, frischen bis trockenen Boden
- wird von Nacktschnecken gemieden
- heimische Staude
- Heilpflanze

37 | 4 | 11 | 0 | 13 | 3

KNOTIGE BRAUNWURZ

Scrophularia nodosa

Ich muss immer aufpassen, dass ich nicht Braunwurst zu dieser Staude sage, denn wenn man an ihren Blättern reibt, riecht das für mich sehr nach Grillgut, während andere Versuchspersonen den Geruch abstoßend finden. Ich kann jedenfalls an keiner Pflanze vorbeigehen ohne wie an einer Wunderlampe daran zu reiben. Es handelt sich um eine typische Wespenblume, die von Faltenwespen geliebt wird. Auch Hummeln findet man hier sowie Sand- und Schmalbienen (im Bild die Gewöhnliche Schmalbiene). Die lange Blütezeit ist lobenswert, auch wenn die Einzelblüten unscheinbar sind und auch in der Masse nicht viel hermachen. Aus der Nähe betrachtet sind sie aber hübsche kleine Drachenmäuler. Die bunten Raupen vom Braunwurz- und Königskerzen-Mönch sind an den Blättern und Blütenständen nicht zu übersehen und fast hübscher als die kleinen Blüten. Auch Larven der Blattwespe futtern hier. Schillerwanzen und Grüne Stinkwanzen leben gern an den Samenständen, ebenso die Gepunktete Nesselwanze. An den Blättern finden sich Rüsselkäfer wie einige Blattschaber-Arten.

MEIN TIPP: Die Pflanze sät sich selbst aus und erscheint im dichten Gebüsch ebenso wie im Rasen. Wie praktisch, dass man sie anhand ihres Geruchs eindeutig erkennen kann, um ihr einen besseren Platz zu geben, wo man das Treiben an ihr gut beobachten kann.

STECKBRIEF

- Höhe 50–100 cm, Breite 30–40 cm
- unscheinbare bräunliche Blüten von Juni bis August
- für Sonne, Halbschatten oder lichten Schatten
- mag einen nährstoffreichen, frischen, humosen Boden
- heimische Staude

GEWÖHNLICHER DOST

Origanum vulgare

Er ist nicht nur der König der Pasta und Pizza, auch bei Insekten ist er Haute Cuisine. Jeder Schmetterling, der etwas auf sich hält, besucht die Blüten, vom Dickkopffalter (im Bild) über den Kohlweißling bis zum Schwalbenschwanz. Der Garten-Bläuling lässt sich auch nicht lumpen und kann sogar ein Ei an den Blüten hinterlassen. Der Goldzünsler, der bei Sonne immerzu um die Staude herumscharwenzelt, tut dies regelmäßig. Der Große Majoran-Spitzmaus-rüssler entwickelt sich in den Stängeln. Pollenquelle ist der Dost für *Andrena minutula* und *A. dorsata* und für die Gewöhnliche Keulhornbiene und die Schwarzspornige Stängel-Mauerbiene. Rosenkäfer und viele weitere Wildbienen finden sich ein, darunter Hummeln und Garten-Wollbiene. Blattzikaden saugen an den Blättern. Blattläuse und Thripse in mehreren Arten runden das Angebot ab und bieten auch den Räubern etwas. In einer Studie wurden Küchenkräuter auf ihre Attraktivität für Schwebfliegen untersucht und Dost kam auf den dritten Platz, hinter Kamille und Thymian.

MEIN TIPP: Der Dost sät sich selbst aus und lässt sich teilen. Die Blütenfarbe variiert von weiß bis violett, sodass es sich lohnt, die schönsten Sämlinge auszulesen. Er lässt sich in Töpfen und Balkonkästen halten oder für die Dachbegrünung nutzen.

STECKBRIEF

- Höhe 20–50 cm, Breite 20–40 cm
- rosa Blüten von Juli bis September
- für Sonne oder Halbschatten
- mag einen nährstoffreichen, durchlässigen, trockenen Boden
- heimische Staude
- essbar
- Flachwurzler

37 37 10 6 6 1

GAMANDER-EHRENPREIS

Veronica chamaedrys

STECKBRIEF

- Höhe 10–30 cm, Breite 20–30 cm
- blaue Blüten von Mai bis Juni
- für Sonne bis Halbschatten
- liebt einen nährstoffreichen, kalkhaltigen Boden, toleriert Trockenheit
- heimische Staude

Während viele kleine Arten wie der Persische oder der Efeu-Ehrenpreis überfallartig im Rasen oder in den Beeten auftauchen, aber keine besondere Fernwirkung erzeugen, ist der Gamander-Ehrenpreis der Strahlemann und hat sich auf jeden Fall den Ehrenpreis für das prächtigste Blau verdient. Man kennt ihn aus lichten Wäldern und von Säumen, doch ist er es wert, im Staudenbeet oder unter den Gartengehölzen auch absichtlich gepflanzt zu werden. Da er sehr klein ist, wächst er am besten in vorderster Reihe. Die Ehrenpreis-Sandbiene ist auf ihn spezialisiert, genauso wie die Langhornmotte *Cauchas fibulella*. Die blauen Blüten sind etwas für die ganze Kleinen unter den Wildbienen, wie viele Schmal- und Furchenbienen (im Bild) und die zierliche Zweifarbige Sandbiene, aber auch für gewichtigere wie die Frühlings-Pelzbiene sowie die Sandbienen *Andrena nitida* und *A. haemorrhoa*. Tagfalter saugen hier ebenfalls. Unter den Raupen wird man im Garten am ehesten die von mehreren Eulenfaltern und Kleinspannern finden.

MEIN TIPP: Eine der Natur abgeschaute Kombination entsteht mit der Großen Sternmiere und der Gefleckten Taubnessel. Auch das Scharbockskraut und der Gefingerte Lerchensporn mischen sich hier gern ein und sorgen zusammen mit Zwiebelblumen für eine Blüte vor den anderen Stauden.

58 18 12 12 19 6

GEWÖHNLICHE ESELSDISTEL

Onopordum acanthium

Nicht klotzen, sondern kleckern ist das Motto der raumgreifenden Eselsdistel. Man braucht Platz für diese zweijährige Pflanze, sie kann aber auch als wehrhafter Solitär für sich stehen. Die Raupen vom Distelfalter leben an den wollig behaarten Blättern. Der Distel-Stängelrüssler frisst als Larve das Innere der Distel. Die Art hat bereits eine Flugreise nach Australien gewonnen, um die dort invasive Eselsdistel klein zu halten. Grau wie die Blätter ist die Distelnetzwanze, ein auffälligerer Blattsauger ist die Blutzikade. Die lila Blüten sind für Schmetterlinge und Hummeln attraktiv, außerdem für Distel-Wollbiene, Distel-Mauerbiene, Gekerbte Löcherbiene, Flockenblumen-Langhornbiene, Goldene Schneckenhaus-Mauerbiene und mehrere Blattschneiderbienen. Die Früchte der Distel schmecken der Beerenwanze und der Nördlichen Fruchtwanze genauso wie den Stieglitzen.

MEIN TIPP: Die Eselsdistel wächst auch im Hochbeet oder großen Kübel. Für kleine Gartenbereiche ist die Nickende Distel (*Carduus nutans*) empfehlenswert. Sie ist ebenfalls zweijährig, wird also nicht lästig. Ausdauernder ist die Alpen-Distel (*Carduus defloratus*). Für feuchte bis frische Böden eignet sich die staudige Purpur-Kratzdistel (*Cirsium rivulare*), die Sorte ‘Atropurpureum’ ist steril und blüht unermüdlich.

STECKBRIEF

- Höhe 150–300 cm, Breite 60–100 cm
- violette Blüten von Juli bis September
- grau-filzig behaarte, stachlige Blätter
- für Sonne bis Halbschatten
- mag einen frischen bis trockenen, humosen Boden
- zweijährig, sät sich selbst aus

113 34 48 10 16 16

SAAT-ESPARSETTE

Onobrychis viciifolia

Sie ist schön wie eine Lupine, aber heimisch. Eigentlich stammt sie zwar aus dem Mittelmeerraum, wurde aber so früh in den Norden verbreitet, dass sie als Archäophyt über jeden Zweifel erhaben ist. Sie besiedelt sonnige Magerrasen und liebt die Wärme, sonst bekommt sie Sehnsucht nach ihrer südlichen Heimat. Im Garten ist sie daher in mageren Wiesen und vor Mauern gut aufgehoben. Sie ist die Raupenfutterpflanze von Grünem Zipfelfalter, Kleinem Esparsetten-Bläuling und anderen Bläulingen, Esparsetten-Glasflügler, Esparsetten-Widderchen und weiteren Widderchen, Postillon und Goldener Acht. Auch Wildbienen müssen an den Blüten nicht darben. Neben Hummeln versorgt die Staude die Große Harzbiene, Luzerne-Schwebebiene, Stahlblaue und Dreizahn-Mauerbiene, mehrere Blattschneiderbienen, Sandbienen sowie Garten- und Spalten-Wollbiene. Die Kugelwanze *Coptosoma scutellatum* und die Ginster-Baumwanze sind weitere Highlights an der Pflanze. Auch der Trauerrosenkäfer und der Südliche Kokonrüssler lassen sich hier blicken.

MEIN TIPP: Die Esparsette ist ein gutes Viehfutter und reichert mithilfe von stickstofffixierenden Bakterien den Boden an. Sie kann also auch als Gründüngung im Gemüsegarten gesät werden. Im Staudenbeet lässt sie sich mit Ochsenauge, Flockenblumen und Wiesen-Salbei kombinieren.

STECKBRIEF

- Höhe 30–60 cm, Breite 30–50 cm
- rosa Blüten von Mai bis Juli
- für Sonne bis Halbschatten
- mag einen nährstoffarmen, frischen bis trockenen, kalkhaltigen Boden
- Staude
- Pfahlwurzler
- für Dachbegrünung geeignet

50 7 9 15 19 10

FÄRBERKAMILLE, FÄRBER-HUNDSKAMILLE

Anthemis tinctoria, Cota tinctoria

Der Nutzen für Wildbienen ist bei dieser kleinen Staude ähnlich wie beim Rainfarn, sie wuchert jedoch weniger und liebt trockenwarme Plätze mit magerem Boden. Außerdem macht sie uns schöne Augen, indem sie an Zungenblüten nicht spart, die dieselbe gelbe Farbe haben wie die Röhrenblüten. Auf Korbblütler spezialisierte Wildbienen wie Löcherbiene (im Bild), Rainfarn- und Buckel-Seidenbiene, Bedornte Mauerbiene und Rainfarn-Maskenbiene besuchen die Pflanze, außerdem die polylektische, also generalistische Dickkopf-Furchenbiene. Auch Schwebfliegen und Käfer schnappen sich den leicht zugänglichen Pollen, vor allem Bock- und Scheinbockkäfer, Pracht-, Pinsel- und Bienenkäfer. Das viele Gelb lockt den Kleinen Feuerfalter, den Zitronenfalter, Dickkopfffalter und das Ochsenauge. Die Sommergeneration des Rainfarn-Mönchs vertilgt die Blüten, die Herbstgeneration hätte bitte gern noch einen Beifuß. Die Kamillenwanze und diverse Rüsselkäfer lieben die Staude.

MEIN TIPP: Die Färberkamille ist auf trockenen, mageren Böden in voller Sonne langlebiger als auf schweren Böden. Zur Sicherheit sollte man die Samenstände ausreifen lassen, damit sie sich aussät. Sie passt zu Wiesen-Salbei, Schafgarbe, Steppen-Wolfsmilch, Natternkopf und Flockenblumen.

Sorte:

- 'Sauce Hollandaise': weißliche Zungenblüten bei gelber Blütenmitte

STECKBRIEF

- Höhe 20–80 cm, Breite 30–40 cm
- gelbe Blüten von Juni bis Oktober
- für Sonne oder Halbschatten
- mag einen trockenen, mageren, durchlässigen, kalkhaltigen Boden
- für Kübel und Kästen geeignet
- heimische, kurzlebige Staude

54 | 18 | 16 | 5 | 28 | 3

FÄRBERWAID

Isatis tinctoria

STECKBRIEF

- Höhe 50–150 cm, Breite 30–60 cm
- gelbe, duftende Blüten von April bis Juli
- bläulich grüne Blätter mit heller Mittelader
- für Sonne oder Halbschatten
- mag einen trockenen bis frischen, mageren Boden
- zweijährig, sät sich selbst aus
- Färberpflanze
- Archäophyt
- Pfahlwurzel

Im Mai färbt er ganze Weinberge gelb, denn dort bekommt er kein Heimweh nach seiner südlichen Heimat mit Wärme, Sonne und Trockenheit. Da heißt aber nicht, dass er sich mimosenhaft anstellt und Weinbauklima braucht, er ist vollkommen winterhart. Als Kreuzblütler ist er der Liebling der Weißlinge und der Gemüsewanze. Raupen vom Großen und Kleinen Kohlweißling, Aurorafalter und Grünader-Weißling fressen an der zweijährigen Pflanze. Die Zunft der Rüsselkäfer ist hier gleich mit 15 Arten vertreten, unter anderem mit Kohlschotenrüsslerarten, deren Larven in den Früchten oder Stängeln fressen. Als Blütenbesucher treten Rosen-, Bock- und Bienenkäfer auf, auch Schwebfliegen lockt das viele Gelb, das wie eine unwiderstehliche duftende Wolke erscheint. Die Gemeine, Aschgraue, Zweizellige, Rotfransige und Senf-Blauschillersandbiene und weitere Arten besuchen die unzähligen kleinen Blüten. Später zieren fast schwarze Samenstände.

MEIN TIPP: Färberwaid kann leicht im Herbst aus Samen gezogen werden. Er sät sich an offenen Bodenstellen auch gern selbst aus. Schön ist eine Kombination mit lila- und rosafarbenen Blüten, wie zum Beispiel mit dem Nelken-Leimkraut (*Silene armeria*).

16 40 10 7 4 3

FRÜHLINGS-FINGERKRAUT

Potentilla neumanniana, P. tabernaemontani, P. verna

Vielleicht liegt es an der zarten Gestalt dieser Staude, dass sie von relativ wenigen Parasiten heimgesucht wird, immerhin wird man bei so einem Pflanzenpersönchen nicht schnell satt. Fest steht aber, dass sie bei den Wildbienen einen Stein im Brett hat. Spezialisiert auf die gelben Blüten ist die Fingerkraut-Sandbiene, aber auch häufigere Arten wie Gewöhnliche Schmalbiene, Gewöhnliche Furchenbiene, Zweifarbige Schneckenhausbiene, Maskenbienen, Rotfransige, Zweifarbige, Gemeine und Rote Ehrenpreis-Sandbiene findet man an der Pflanze. Auch bei Schwebfliegen, Wollschwebern (im Bild) und kleinen Käfern wie dem Teppichkäfer sind die offenen Blüten sehr gefragt. Der Zitronenfalter und der Garten-Bläuling saugen hier Nektar. Mehrere Würfel-Dickkopffalter und der Sumpf-Zwergminierfalter nutzen das Fingerkraut zur Eiablage.

MEIN TIPP: Die zierliche Staude wächst in Kübeln, auf Mauern und Dächern, Stein- und Kiesgärten oder im mageren Blumenrasen, der nicht zu oft gemäht werden sollte. Balkonkästen brauchen einen guten Wasserabzug, damit keine Staunässe entsteht. Passend dazu sind kleinere *Sedum*-Arten, Hornklee, Thymian, Kartäuser-Nelke und Wiesen-Salbei. Pflanzt man den Gewöhnlichen Reiherschnabel dazu, kann man mit Glück auch Sonnenröschen-Bläulinge zur Eiablage bewegen.

STECKBRIEF

- Höhe 5–10 cm, Breite 20–30 cm
- gelbe Blüten von Mai bis Juni
- für Sonne bis Halbschatten
- mag einen mageren, trockenen, humosen, durchlässigen, kalkhaltigen Boden
- heimische Staude
- Flachwurzler
- für Dachbegrünung geeignet

65 39 16 36 12 5

RISPEN-FLOCKENBLUME

Centaurea stoebe

Sie hat zwar kleinere Blüten als die Wiesen-Flockenblume, davon aber viele. Sie ist überhaupt eine grazile Gestalt mit ihrem grauen, fein ziselierten Laub. Andere grazile Gestalten lassen sich gern auf den Blüten nieder. Distel-Wollbienen gehören zu den Besuchern, mehrere Löcherbienenarten, Hosenbienen, Flockenblumen-Langhornbienen, Dünen-Pelzbienen, Hummeln sowie viele Sand- und Furchenbienen. Die allgegenwärtige Gelbbindige Furchenbiene ist hier garantiert zu finden. Zu ihrer Kundschaft passt auch die Vorliebe dieser Pflanze für trockene, sandige Böden – ist der passende Boden zum Nisten für die Wildbienen schon da, kann diese schlanke, hochwachsende Flockenblume für den Pollen sorgen. Tag- und Nachtfalter sind auf den rosafarbenen Korbblüten, die monatelang erscheinen, ebenfalls zu finden, wie Schachbrettfalter (im Bild), Dickköpfe, Weißlinge, Bläulinge oder Perlmuttfalter. Die Raupe des Kupferglanz-Grünwidderchens frisst am Laub. Die Rispen-Flockenblume ist aber auch die heimliche Königin der Blattläuse und wird daher gern von Marienkäfern und Ameisen aufgesucht.

MEIN TIPP: Zu dieser Flockenblume passen andere Pflanzen der mageren, sandigen Böden, wie Gewöhnlicher Hornklee, Gewöhnlicher Natternkopf, Resede, Wilde Möhre und Luzerne.

STECKBRIEF

- Höhe 30–120 cm, Breite 30–40 cm
- rosa Blüten von Juli bis September
- für Sonne bis Halbschatten
- mag einen mageren, frischen bis trockenen, kalkhaltigen Boden
- heimische Pflanze, zwei- bis mehrjährig

114 48 38 69 33 4

WIESEN-FLOCKENBLUME

Centaurea jacea

Während die Rispen-Flockenblume auf trockenen, mageren Böden ein Heimspiel hat, kommt ihre fettere Verwandtschaft, die Wiesen-Flockenblume, auch lockerflockig mit normalen Gartenböden klar. Die rosa Blüten, die den ganzen Sommer über produziert werden, machen sich mit ausgefransten Zungenblüten breit und bieten so eine weithin sichtbare Zielscheibe für Tagfalter, Pinselkäfer, Schwebfliegen und Bockkäfer. Dickkopffalter, Weißlinge, Schachbrettfalter, Widderchen, Schwalbenschwanz, Bläulinge – Groß und Klein treffen sich hier. Und so ist es auch bei den Wildbienen – von der dicken Hummel über Hosenbiene, Distel-Wollbiene, Distel-Mauerbiene, Gelbbindige Furchenbiene bis zur Gewöhnlichen Keulhornbiene ist alles dabei. In den Blättern minieren die Raupen des Skabiosen-Grünwidderchens, die Larven des Mondfleckigen Blütenspanners futtern die Blüten. Um die Samen kümmert sich die blasse Bodenwanze *Oxycarenus pallens*, die sich vom Mittelmeerraum immer weiter nach Norden ausbreitet. Stieglitze plündern die Samenstände gern.

MEIN TIPP: Flockenblumen passen in die Blumenwiese genauso wie ins Staudenbeet. Sie lassen sich mit Salbei, Kugeldisteln und Hornklee kombinieren. Ebenfalls empfehlenswert ist die Skabiosen-Flockenblume, die noch mehr Tagfalter anziehen soll. Sie ist etwas schattenverträglicher.

STECKBRIEF

- Höhe 30–80 cm, Breite 30–40 cm
- rosa Blüten von Juni bis September
- für Sonne bis Halbschatten
- mag einen durchlässigen, frischen bis wechselfeuchten, nährstoffreichen, kalkhaltigen Boden
- heimische Staude
- Flachwurzler
- sät sich selbst aus

38 3 18 1 3 1

GEWÖHNLICHER GILBWEIDERICH

Lysimachia vulgaris

Man pflanzt den wilden Wucherkönig sicher nicht wegen des Andrangs der vielen Wildbienenarten, denn den gibt es nicht. Außer bei den Ausläufern, die wirklich massig gebildet werden, zählt hier Klasse statt Masse: Für die beiden Schenkelbienenarten (im Bild) ist die Pflanze tatsächlich der Goldstandard, denn sie brauchen Gilbweiderich, da nur er als Ölblume fettgetränkten Pollen liefert. Die Weibchen sammeln ihn mit weit abgespreizten Hinterbeinen wie Cowgirls. Die Bienen übernachten gern an diesem Fettnäpfchen. Ansonsten sieht man nur die Gewöhnliche Furchenbiene an den Blüten. Schnecken mögen keinen Gilbweiderich, die Blattwespenlarven von *Monostegia abdominalis* und *M. nigra* aber schon. Manchmal muss man sich entscheiden, ob man einen Kahlfraß duldet oder für Schenkelbienen eindämmt. Weniger hungrig sind die Raupen von Gilbweiderich-Wellenrandspanner, Goldhaar-Rindeneule oder Waldkräuter-Blütenspanner.

MEIN TIPP: Da Gilbweiderich keinen Nektar spendiert, pflanzt man Sumpf-Storchschnabel dazu, den die Schenkelbienen lieben. Der Punktierte Gilbweiderich (*Lysimachia punctata*) aus Süd- und Osteuropa ist robuster als der Gewöhnliche, was trockene Böden angeht. Er wird von denselben Wildbienen besucht, ist aber insgesamt weniger beliebt bei Insekten.

STECKBRIEF

- Höhe 50–100 cm, treibt Ausläufer
- gelbe Blüten von Juni bis August
- für Sonne oder Halbschatten
- mag einen frischen bis feuchten, nährstoffreichen Boden
- heimische Staude
- Flachwurzler
- keine Gefahr durch Nacktschnecken

☆ 31 · 10 · 2 · 1 · 8 · 7

ACKER-GLOCKENBLUME

Campanula rapunculoides

Lavendelblaue Blüten am laufenden Meter, dank Ausläufern und Tausenden von Samen pro Pflanze. In Nordamerika wurde die Pflanze eingeführt und mittlerweile als invasiv eingestuft. Dort gibt man Gartenbesitzern Tipps, wie man sie wieder loswird, und das soll ähnlich schwierig sein wie hierzulande beim Giersch – vor allem auf leichten Böden legt sie richtig los. Ich wäre froh gewesen, wenn ich so ein wunderschönes, blau blühendes Problem gehabt hätte, doch in meinem schneckenreichen Garten war sie schneller wieder verschwunden, als sie Ausläufer bilden konnte. Ursprünglich eine Waldart, sucht sie jetzt die Nähe des Menschen und wächst sogar in Pflasterfugen. An dieser konkurrenzstarken Wucherglocke haben Wildbienen wie Glockenblumen-Sägehornbiene (im Bild), Hummeln, Blattschneiderbienen sowie die Kleine Glockenblumen-Scherenbiene und die Große Glockenblumen-Scherenbiene viel Freude. Der Nesselglockenblumen-Blütenspanner frisst an der Staude. Einige Weichwanzenarten wie die hübsche Zweifleck-Weichwanze können sich hier blicken lassen.

MEIN TIPP: Die Staude wächst auch an schwierigen Standorten mit Wurzeldruck wie neben einem Nadelbaum und in Kiesgärten. Sollte die Pflanze doch zu stark wuchern, hier die gute Nachricht: Die rübenartigen Wurzeln und die Blätter, die wie Feldsalat schmecken, sind essbar.

STECKBRIEF

- Höhe 30–70 cm, Breite 40 cm
- blaue Blüten von Juni bis September
- mag Sonne bis Halbschatten
- für einen mageren, frischen bis trockenen, kalkreichen Boden
- Flachwurzler, treibt Ausläufer
- sät sich selbst aus
- essbar
- heimische Staude

WELCHE FALTER BRENNEN FÜR DIE GROSSE BRENNNESSEL?

Es ist nicht leicht mit ihr: Sie ist unscheinbar, drängelt sich aber mit Ausläufern und Samen in den Vordergrund. Die hübschesten Falter finden das prima.

Was uns schmerzt, ist den Raupen der Brennnesselbrigade schnuppe. Da *Urtica dioica* so eine große Fangemeinde hat, nischen sich die Falter an Pflanzen mit unterschiedlichen Eigenschaften ein. Die große Standortamplitude der Brennnessel hilft ihnen dabei. Die gesellig fressenden Raupen des Tagpfauenauges mögen halbschattig stehende, gern ältere Pflanzen mit geringem Stickstoffgehalt. Der Kleine Fuchs, dessen Larven auch in Gruppen leben, bevorzugt junges Grün, das sonnig steht und viel Stickstoff enthält. Raupen vom Landkärtchen hocken meist zu mehreren unter den Blättern und lassen sich bei Berührung oft fallen. Ihr Futter steht an eher schattiger Stelle mit hoher Luftfeuchte wie in Gewässernähe. Der Klimawandel schadet ihnen daher.
Auch Wanzen kommen nicht zu kurz: die Gepunktete Nesselwanze, der Nesselwicht und die Brennnesselwanze leben hier.

» Schwarz wie der Nachthimmel mit weißen Tupfen: Raupen des Tagpfauenauges.

» Dem Tagpfauenauge sehr ähnlich sehen Raupen des Landkärtchens, sie sind aber anhand der „Zöpfchen“ am Kopf von ihnen zu unterscheiden.

Raupe mit Origami-Technik

Die bedornte Raupe des Admirals frisst einzeln an halbschattig stehenden Pflanzen. Anfangs spinnt sie mehrere Blätter zusammen, später schnappt sie sich ein einzelnes, dessen Blattstiel sie so anbeißt, dass es nach unten hängt, und spinnt es in der Mitte gefaltet zusammen, mit der Unterseite außen. So lässt es sich unbehelligt futtern. Auch Distel- und C-Falter gehen an die Nesseln, haben aber noch andere Futterpflanzen. Der Brennnessel-Zünsler, der als Raupe viele Stauden mag, rollt das Blatt eher zu einer Tüte zusammen. Auch die Nessel-Schnabeleule mit dem markanten Gesicht futtert als Larve an der Brennnessel.

Im Garten weiß man also nie, welche Raupen sich einfinden. Es hilft, die Nessel nicht in die hinterste Ecke zu verbannen, sondern ihr auch sonnige Plätze oder schattigere in Gartenteichnähe anzubieten.

» Eine fast verpuppungsreife Raupe des Admirals in geöffneter Blatttasche.

65 14 2 2 44 1

NESSELBLÄTTRIGE GLOCKENBLUME

Campanula trachelium

STECKBRIEF

- Höhe 40–100 cm, Breite 30–40 cm
- blaue Blüten von Juli bis September
- für Sonne, Halbschatten und lichten Schatten
- mag einen frischen bis trockenen, humosen, nährstoffreichen Boden
- versamt sich leicht
- Pfahlwurzler
- heimische Staude

Unten herum sieht sie aus wie eine Brennnessel, tut aber nur so. Oben lässt sie es krachen mit großen blauen Blüten über die Sommermonate hinweg. Der Benagung durch Schmetterlingsraupen und Blattwespenlarven verweigert sich die Staude ziemlich erfolgreich, nur die Raupen von Nesselglockenblumen-Blütenspanner und Veränderlicher Herbsteule sind nachgewiesen. Sie ist keine Staude, die man für Schmetterlinge pflanzt, aber wichtig für die Glockenblumenspezialisten unter den Wildbienen. Auch Hummeln, die Garten-Blattschneiderbiene, Gewöhnliche Furchenbiene, Glockenblumen-Schmalbiene und die Zweifarbige Sandbiene besuchen die Blüten. Spezialisierte Wildbienen wie Glockenblumen-Sägehornbiene (im Bild) und die Glockenblumen-Scherenbiene schätzen die Pollenquelle auch als Schlafplatz. Unter den Käfern sind die Nutznießer vor allem samenbohrende Rüsselkäfer wie die Glockenblumenrüssler, blütenbewohnende Glanzkäfer und fruchtfressende Laufkäfer.

MEIN TIPP: Diese Glockenblume ist ideal für schattigere Plätze, denn sie blüht mitten im Wald. Sie wächst aber auch in der Sonne, dann sogar im Steingarten, und sucht sich ihren Lieblingsplatz durch Selbstaussaat – daher die abgeblühten Stängel stehen lassen. Sie lässt sich kombinieren mit Wiesen-Kerbel, Nesselkönig, Immenblatt, Knotigem Storchschnabel und Wald-Geißbart.

73 6 45 8 5 4

GEWÖHNLICHE GOLDRUTE

Solidago virgaurea

Goldruten sind mit ihrem Ausbreitungsdrang im Naturschutz nicht gut gelitten, obwohl auch die amerikanischen Arten bei Insekten beliebt sind. Die Gewöhnliche Goldrute ist dagegen heimisch und darf sich aussäen, so viel sie möchte, ohne einen Rüffel zu kriegen. Auf trockenen Wiesen sticht sie zur Blütezeit auch gleich hervor, vor allem, weil sie umschwärmt wird vom Kleinen Feuerfalter (im Bild) und vielen anderen Tagfaltern, Schwebfliegen, solitären Wespen, Raupenfliegen, Hummeln, Schlupfwespen und Wildbienen. Die Sandbiene *Andrena denticulata* sammelt hier Pollen. Die Kuckucksbiene *Sphecodes albilabris* ist dort auch anzutreffen. Wie es in ihrem Berufsstand üblich ist, trinkt sie aber nur Nektar, denn sie muss ja keinen Pollen sammeln, da sie sich ins gemachte Wildbienennest setzt. Unter den Raupen sind es unter anderem einige Federgeistchen, der Astern-Mönch, der wunderschöne Zünsler *Anania funebris* und der Goldruten-Blütenspanner. Die Gewöhnliche Goldrute wird in der Natur immer seltener, also ist die Ansiedlung im Garten auch für ihren eigenen Artenschutz wichtig.

MEIN TIPP: Die Staude lässt sich wunderbar mit dem Gewöhnlichen Natternkopf kombinieren, auch farblich sind die Blüten ein guter Kontrast. Eine andere Blütenform bringen Witwenblumen ins Beet.

STECKBRIEF

- Höhe 20–80 cm, Breite 20–30 cm
- gelbe Blüten von Juli bis Oktober
- für Sonne bis Halbschatten
- toleriert trockene, magere Böden, mag aber auch einen humosen Lehmboden
- heimische Staude
- wird von Schnecken nicht angerührt

17 9 6 8 1 1

WOLLIGER HAHNENFUß

Ranunculus lanuginosus

STECKBRIEF

- Höhe 30–70 cm, Breite 30–40 cm
- gelbe Blüten von Mai bis Juli
- Stängel und Blätter behaart
- liebt Halbschatten und Schatten
- mag einen frischen bis trockenen, humosen Boden
- heimische Staude
- sät sich selbst aus
- wird von Schnecken verschmäht

Der Wollige Hahnenfuß ist kuschlig, wächst harmlos horstig ohne Ausläufer zu bilden und ist daher eine absolut empfehlenswerte Staude. Unter all den heimischen Hahnenfüßen ist er mit Abstand die gartenwürdigste Art und schiebt über viele Wochen immer neue Blüten aus kugeligen Knospen. Sie brechen vielleicht keine Rekorde, was die Anzahl an Wildbienen angeht, die hier Pollen sammeln, doch lässt sich mit ihm auch ohne eine ganze Blumenwiese, in der Scharfer oder Kriechender Hahnenfuß wächst, die Hahnenfuß-Scherenbiene in den Garten locken. Die auffällige Rote Ehrenpreis-Sandbiene ist hier auch zu finden, ebenso wie Mauerbienen und Schwebfliegen. Das Waldbrettspiel saugt gern Nektar an der Pflanze, zusätzlich fressen die Raupen einiger Nachtfalter am Hahnenfuß. Die Jungtiere der Punktierten Zartschrecke sitzen gern in den Blüten, fressen Pollen und bestäuben dadurch auch.

MEIN TIPP: Im Staudenbeet lässt sich der Wollige Hahnenfuß, wenn schon nicht mit dem Kriechenden Hahnenfuß, dann mit der Kriechenden Gämswurz kombinieren – wenn Sie die Farbe Gelb mögen, denn so entsteht über Wochen eine gelbe Insel im Garten. Der Hahnenfuß sät sich selbst aus, damit es der Hahnenfuß-Scherenbiene auch nie an Pollen mangelt. Wenn Sie mögen, pflanzen Sie in Töpfe – selbst auf dem Balkon – ruhig auch den Kriechenden Hahnenfuß, denn hier ist seine Kriecherei nicht so lästig wie im Beet.

56 14 3 2 37 4

ECHTES HERZGESPANN

Leonurus cardiaca

Das Herzgespann gilt als der Blockbuster, wenn es um Wildbienenbeobachtungen geht, denn es zieht die Garten-Wollbiene (im Bild) magisch an und lässt intime Einblicke in ihr höchst turbulentes Familienleben zu. Hummeln lassen sich die Lippenblüten ebenfalls nicht entgehen und auch die Wald-Pelzbiene findet sich hier. Wer hätte aber gedacht, dass die Samen Kanalkäfern (*Amara* spec.) als Snack dienen? Der Behaarte Erdbeersamenlaufkäfer, der neben Erdbeersamen auch die vom Herzgespann verputzt, macht sich immerhin noch mit der Jagd nach Schnecken nützlich. Die Auswahl an Raupen ist klein, aber fein: Der nicht wählerische Brennnesselzünsler lebt in selbst gebauten Blattaschen, außerdem fressen die Larven des immer etwas zerfleddert aussehenden Federgeistchens *Capperia trichodactyla* an der Staude.

MEIN TIPP: Das Echte Herzgespann ist eine Staude der stickstoffreichen Wegränder und hat früher, als das Vieh noch mit in den Siedlungen lebte, aktiv am Dorfleben teilgenommen. Heute sind die Wegränder aufgeräumt, aber im Garten können Sie nostalgisch werden und die alte Dorfgemeinschaft pflanzen mit Herzgespann, Gutem Heinrich und Schwarznessel.

Sorte:

- *Leonurus cardiaca* var. *crispa* 'Grobbebol': krause Blätter

STECKBRIEF

- Höhe 50–150 cm, Breite 30–50 cm
- rosafarbene Blüten von Juni bis September
- für Sonne oder Halbschatten
- mag einen stickstoffreichen, humosen Gartenboden
- heimische Staude
- Heilpflanze
- sät sich selbst aus

☆ 174 · 67 · 72 · 24 · 28 · 14

GEWÖHNLICHER HORNKLEE

Lotus corniculatus

Liegt es an der Blütenfarbe oder am Namen, dass dieser kleine Streber in Sachen Artenvielfalt nicht viel öfter in Steingärten oder an Mauerrändern wachsen darf? Wo Blaukissen oder Polster-Phlox zurechtkommen, tut es der polsterbildende Hornklee allemal, blüht den ganzen Sommer lang und verträgt Trockenheit gut. Er ist das Musterbeispiel einer heimischen Pflanze mit vielen Beziehungen zu allen möglichen Insekten, von der Blattlaus bis zum Rüsselkäfer. Allein sechs Bläulingsarten besuchen die Blüten und legen Eier an die Pflanze, wie Kurzschwänziger, Geißklee-, Hauhechel-Bläuling und Grüner Zipfelfalter, dazu kommen viele Eulenfalter und Spannerarten. Durch die lange Blütezeit geben sich etliche Wildbienen die Klinke in die Hand, darunter Juni-Langhornbiene, Kleine und Große Harzbiene, Platterbsen-Mörtelbiene, Garten-, Spalten- und Weißgefleckte Wollbiene, Luzerne- und Totholz-Blattschneiderbiene, Wand-Pelzbiene und viele Sandbienen wie *Andrena ovatula*. Besonders bei der Zunft der Blattschneiderbienen kann man mit der Pflanze punkten.

MEIN TIPP: Der Hornklee ziert auch mit seinen Samenständen und muss nach der Blüte nicht zurückgeschnitten werden. Zugunsten der Insekten ist es wichtig, die reine Art und keine Zuchtsorte zu wählen.

STECKBRIEF

- Höhe 5–30 cm, Breite 30–50 cm
- gelbe Blüten von Mai bis September
- für Sonne oder Halbschatten
- mag einen trocken-warmen, durchlässigen Standort
- heimische Staude
- polsterbildend, für Dachbegrünung geeignet
- Pfahlwurzel

93 | 16 | 46 | 5 | 12 | 13

BUNTE KRONWICKE

Securigera varia

So bunt ist sie gar nicht, sie blüht eher in verschiedenen Rosatönen – aber es geht immer bunt zu an der Staude. Das liegt an den vielen Wildbienen und Schmetterlingen, die die Pflanze besuchen. Kleine und Große Harzbiene, Garten-Wollbiene, verschiedene Blattschneiderbienen (im Bild), Hummeln, Pelzbienen, Stahlblaue Mauerbiene und Spalten-Wollbiene lieben die Blüten. Verschiedene Widderchen, Bläulinge, die Goldene Acht, Dunkler Dickkopffalter und Leguminosen-Weißling sind nur einige, die als Raupen an der Pflanze leben. Im Garten wird man mit der Staude am ehesten den Hauhechel-Bläuling anlocken können. Bei dem großen Andrang ist es gut, dass die Bunte Kronwicke mit der Zeit recht raumgreifend wird. Als Dankeschön reichert sie den Boden mit Stickstoff an. Sie kann auch gut im großen Kübel oder Hochbeet angepflanzt werden, wo ihr ungestümer rosa Wuschelkopf schön überhängt.

MEIN TIPP: Durch ihr einnehmendes Wesen ist die Bunte Kronwicke gut dafür geeignet, einen sonnigen Heckensaum oder eine Böschung zu kaschieren – sie hat schon fast Bodendeckerqualitäten. Sie wächst auch an steinigen Stellen gut. Als Nachbarn braucht sie durchsetzungsstarke Pflanzen wie Luzerne oder Eselsdistel.

STECKBRIEF

- Höhe 40–120 cm, Breite 70–90 cm
- rosafarbene Blüten von Juni bis September
- für Sonne oder Halbschatten
- mag einen durchlässigen, nährstoffreichen Boden, verträgt Trockenheit
- heimische Staude
- Pfahlwurzel bis 1 m tief
- keine Gefahr durch Schnecken

130 2 36 6 11 35

ECHTES LABKRAUT

Galium verum

STECKBRIEF

- Höhe 30–50 cm, ausläuferbildend
- gelbe, duftende Blüten von Mai bis September
- für Sonne bis Halbschatten
- mag nährstoffarme, aber auch fettere, kalkhaltige Böden, gerne auf Sand
- verträgt Trockenheit gut
- heimische Staude
- keine Gefahr durch Nacktschnecken

Das Labkraut ist die Staude der Schwärmer. Für Taubenschwänzchen, Labkrautschwärmer, Mittleren und Kleinen Weinschwärmer ist es eine umschwärmte Raupenfutterpflanze. Aber auch etliche Spannerraupen wie Graubinden-Labkrautspanner oder Braunbinden-Blattspanner kommen hier vor, in wärmeren Gebieten auch der Labkrautbär. Einer unserer interessantesten Blattkäfer, der imposante Tatzenkäfer mit den großen Füßen, verbringt sein ganzes Leben an Labkrautarten. Seine Larven sehen aus wie das Michelinmännchen in Schwarz und sind an der Pflanze nicht zu übersehen. Die Blüten werden unter anderem von Weichkäfern, dem Kleinen Feuerfalter und Schwebfliegen besucht. Für Wildbienen sind sie dagegen weniger verlockend, nur die Gewöhnliche Keulhornbiene und *Lasioglossum convexiusculum* wurden hier beim Pollensammeln beobachtet.

MEIN TIPP: Das Echte Labkraut kann in der Blumenwiese eingesetzt werden, wo die Ausläufer nicht stören, oder auch im Staudenbeet. Es passt zu Ochsenzunge, Magerwiesen-Margerite, Wiesen-Salbei und Gewöhnlichem Dost. Auch zu rosafarbenen Malven sieht es großartig aus, wenn es sie umgarnt und sich an sie lehnt. Vermehren lässt es sich über die Ausläufer oder durch Aussaat.

52 7 18 7 15 2

GEWÖHNLICHES LEINKRAUT

Linaria vulgaris

Wer Löwenmäulchen mag, wird dieses Leinkraut lieben! Es ist ausdauernd, winterhart und blüht monatelang. Man muss nur über sein ungebührliches Verhalten der Ausläuferbildung hinwegsehen, das aber in naturnahen, wiesenhaften Bereichen sogar von Vorteil sein kann. Zur Belohnung schmückt sich die Pflanze nicht nur mit zweifarbigen Blüten, sondern auch mit den bunten Raupen der Möndcheneule, die wiederum Raupenfliegen anlocken, die sie parasitieren. Die Larven des Leinkraut-Blütenspanners sind eher tarnfabig unterwegs. Garten-Wollbiene, Feldwespen (im Bild), Luzerne-Sägehornbiene, viele Tagfalter, Gammaeule und Hummeln besuchen die Blüten. Der auffällige Rotsaum-Blattkäfer und weitere *Chrysolina*-Arten leben am Leinkraut, ebenso wie mehrere Rüsselkäferarten der Gattung *Rhinusa*. *Rhinusa linariae* hat es sogar nach Übersee geschafft, um dem dort neophytischen Leinkraut einen Dämpfer zu verpassen.

MEIN TIPP: Wer Pastelltöne bevorzugt und Angst vor Ausläufern hat, pflanzt das Purpur-Leinkraut (*L. purpurea*). Auch hier tauchen Möndcheneule und Garten-Wollbiene auf, insgesamt hat es aber weniger Kunden als das Gewöhnliche Leinkraut. Die Pflanze sät sich selbst aus, verträgt Trockenheit und wächst im Kübel genauso wie im sonnigen Beet.

STECKBRIEF

- Höhe 20–60 cm, ausläuferbildend
- gelb-orangefarbene Blüten von Juni bis Oktober
- für Sonne bis Halbschatten
- mag einen nährstoffreichen, frischen bis trockenen Boden
- wächst auch im Topf
- heimische Staude

☆ 34 · 8 · 15 · 4 · 7 · 4

GEFLECKTES LUNGENKRAUT

Pulmonaria officinalis

STECKBRIEF

- Höhe 15–30 cm, Breite 25–30 cm
- rosafarbene, nach blau verfärbende Blüten von März bis Mai
- Blätter mit silbrigen Flecken übersät
- für Sonne bis Schatten
- mag einen nährstoffreichen, feuchten bis frischen, kalkhaltigen Boden
- heimische Staude

Diese sympathische kleine Staude der Kalk-Buchenwälder braucht keinen sonnigen Platz, sie wächst auch unter Gehölzen und bedeckt den Boden mit ihren marienkäferartig gepunkteten Blättern, sodass sie auch nach der Blüte immer adrett aussieht. Sie blüht früh und beherrscht wie viele Raublattgewächse einen Zaubertrick: Die Blütenfarbe wechselt von Rosa nach Blau. Die rosafarbenen enthalten mehr Nektar als die blauen und werden daher von der Frühlings-Pelzbiene, der Zweifarbigen Sandbiene, der Vierfleck-Pelzbiene und den Hummeln bevorzugt angeflogen. Auch die Zweifarbige Schneckenhausbiene und die seltene Lungenkraut-Mauerbiene sammeln hier Pollen. Tagfalter, die im zeitigen Frühjahr unterwegs sind, etwa Zitronen- und Aurorafalter, besuchen die Blüten ebenfalls. Raupen wie die der Lungenkraut-Staubeule und der Lungenkraut-Metalleule leben an den Blättern – es lohnt sich also, einen großen Flecken Beet für das Gefleckte Lungenkraut zu reservieren.

MEIN TIPP: Vor dem Klimawandel war es einfacher, das Lungenkraut auch an sonnigeren Plätzen mit trockenem Boden zu halten. Mittlerweile sind schattige Plätze die sichere Wahl, hier hilft Laubhumus zusätzlich, um den Boden zum Feuchtigkeitsspeicher zu trainieren.

LUZERNE

Medicago sativa

Was der Schmetterlingsflieder kann, kann die Luzerne schon lange – und im Gegensatz zu ihm kann sie sogar zaubern und den Boden mit Stickstoff anreichern, was sie als Gründüngung empfiehlt. Im Sommer eignet sie sich, um Schmetterlinge zu inventarisieren, denn an ihr kommt keiner vorbei: Goldene Acht, Kohlweißlinge, Kleiner Fuchs, Taubenschwänzchen, Tagpfauenauge, Gammaeule, Kleiner Feuerfalter (im Bild), Hauhechel-Bläuling und Admiral finden sich an den Blüten, die monatelang erscheinen. Goldene Acht, Wander-Gelbling, einige Widderchen, Braune Tageule, Hauhechel-Bläuling und viele andere legen Eier an der Pflanze ab. Nicht nur Hummeln, sondern auch viele Wildbienen lieben die Blüten, etwa Große und Kleine Harzbiene, die Luzerne-Sägehornbiene, Langhornbienen, Garten-Wollbiene, Stahlblaue Mauerbiene, dazu einige Sand- und Blattschneiderbienen. Die Früchte sind anziehend für knabbernde Samenkäfer und viele Rüsselkäfer wie den Hellgelben Luzerne-Blütenrüssler. Auch Wanzen halten sich an der Pflanze auf, besonders Weich- und Fruchtwanzen. Trotz ihres nicht-heimischen Status ist sie also eine Bereicherung.

MEIN TIPP: Durch den Klimawandel gelten viele Regeln nicht mehr. Schmetterlinge legen auch spät im Jahr noch Eier ab – Hauhechel-Bläuling und Co. können den Spätsommer zum zweiten Frühling machen. Man sollte die Pflanze also über den Winter stehen lassen.

STECKBRIEF

- Höhe 20–100 cm, Breite 30–50 cm
- lila Blüten von Juni bis September
- für Sonne bis Halbschatten
- mag einen nährstoffreichen, durchlässigen Boden, verträgt Dürre
- Pfahlwurzel
- nicht heimische, eingebürgerte Staude

55 | 5 | 12 | 2 | 20 | 7

WILDE MALVE

Malva sylvestris

Die auch Große Käsepappel genannte Staude ist für Wildbienen eher Käse, nur Hummeln, einige Schmalbienen und die Malven-Langhornbiene sammeln hier Pollen, aber die hübsch gestreiften Malvenblüten sind gut für Schwebfliegen. Auch sollte man immer eine Pflanze im Garten parat haben, um Feuerwanzen, seltener die Lindenwanze und die niedlichsten aller Käfer beköstigen zu können: Malven-Erdflöhe sind Stammgäste, einige Rüsselkäfer wie das Zweifarbige Malven-Spitzmäuschen futtern die Samen. Als ganz besonderes Highlight kann der Distelfalter am Laub fressen oder der tarnfarbige Malven-Dickkopffalter. Seine Raupen sind wurstförmig, hellbraun mit schwarzem Kopf und tragen ein gelb-schwarzes Halsband. Sie verraten sich durch ihre Schlafsäcke, für die sie ein Stück aus einem Blatt herausbeißen, es umfalten und zusammenspinnen. Der kleine Falter hat eine Ausbreitungstendenz nach Norden, die mit dem Klimawandel zusammenhängen könnte. Auch die Raupen der Malveneule fressen am Laub.

MEIN TIPP: Gute Partner der Wilden Malve sind Wegwarte, Königskerzen, Echtes Labkraut, Echtes Herzgespann oder Wilde Karde. Die Aussaat gelingt leicht. Alternativen für den Malven-Dickkopffalter sind auch Stockrose, Moschus- und Rosen-Malve.

STECKBRIEF

- Höhe 40–120 cm, Breite 30–50 cm
- pinkfarbene, violett gestreifte Blüte von Mai bis September
- für Sonne oder Halbschatten
- mag einen nährstoffreichen, trockenen bis frischen Boden
- meist zweijährig oder kurzlebige Staude, sät sich aber selbst aus
- keine Gefahr durch Nacktschnecken
- essbare Blüten
- Pfahlwurzel

FELD-MANNSTREU

Eryngium campestre

Wer die Nordseedünen mag, fühlt sich mit dieser trockenheitsverträglichen, graulaubigen und äußerst stachligen Staude schnell daran erinnert, so sehr ähnelt sie einer Stranddistel. Sie wächst auch gern in Sand. Die Pflanze hat das Rad erfunden: Manchmal kann man beobachten, wie sie zum Steppenroller wird, um ihre Saat in Eigenantrieb zu verteilen. Die Blüten sind unscheinbar, was die grauen Hochblätter aber wieder wettmachen. Im Garten drängt sich der bis an die Zähne bewaffnete Feld-Mannstreu angesichts seiner farbenprächtigen Verwandtschaft nicht gerade auf, aber bei der Anlage einer authentischen Trockenrasengesellschaft ist er ein Muss. Er wird besonders von Sandbienen, im Garten vor allem *Andrena flavipes*, besucht, aber auch von der Luzerne-Blattschneiderbiene. Als Spezialistin kann die bedrohte Feldmannstreu-Seidenbiene auftreten oder die seltene Bärenklau-Sandbiene. Hummeln und Schmetterlinge sind hier ebenfalls anzutreffen. Schwebfliegen, Bienenwolf und Streifenwanze setzen farbige Akzente an der grauen Pflanze.

MEIN TIPP: Kombinieren kann man ihn gut mit Meerkohl, Gräsern, Heide- und Karthäuser-Nelken, Flockenblumen und Kugelköpfigem Lauch. Um ein Sandarium gepflanzt können größere Exemplare verhindern, dass es zum Katzenklo wird.

STECKBRIEF

- Höhe 15–60 cm, Breite 30–60 cm
- gelblich grüne Blüten von Juli bis August
- für Sonne bis Halbschatten
- liebt einen trockenen, mageren Boden, verträgt Kalk
- heimische Staude
- wird von Schnecken meist verschmäht

3 | 4 | 1 | 12 | 0 | 5

FLACHBLATT-MANNSTREU

Eryngium planum

Er ist der exaltierte Cousin des Feld-Mannstreus, das blaue Lieblingskind der Familie, das Karriere gemacht hat. So trägt er auch das Prädikat Edeldistel. Im Staudenbeet macht er was her mit seinen stahlblauen Blüten, daher hat er es zu einigen Sorten gebracht. Die häufige Gemeine Sandbiene und die Bärenklau-Sandbiene sind hier zusammen mit der Gewöhnlichen Schmalbiene und der Luzerne-Blattschneiderbiene anzutreffen. Wenn Streifenwanzen sich über die Samen hermachen, erscheinen die Blütenstände plötzlich in Rot-Schwarz. Der Bienenwolf ist hier Stammgast, die kleineren Männchen nutzen den leicht erreichbaren Nektar gern. Schwebfliegen in vielen Arten werden ebenso angelockt wie bunte Falter.

MEIN TIPP: Schüttelt man (mit Handschuhen) die abgeblühten Samenstände als Blumenfee wie einen Zauberstab über freie Stellen im Beet, kann man auf Sämlinge hoffen. Ansonsten dürfen sie über den Winter stehen bleiben, weil sie mit Frost einfach grandios aussehen. Gute Partner sind Färber-Hundskamille, Wegwarte und Gewöhnlicher Natternkopf.

Sorten:
- 'Blauer Zwerg': knallblaue Blüten, 30–50 cm hoch
- 'Blaukappe': standfest und reichblühend, 30–70 cm hoch
- 'Blue Hobbit': kompakte Sorte, auch für Kübel geeignet
- 'Jade Frost': weiß gerandetes Laub
- 'White Glitter': weiße Blüten

STECKBRIEF

- Höhe 40–100 cm, Breite 30–60 cm
- blaue Blüten von Juli bis September
- für Sonne bis Halbschatten
- bevorzugt einen mageren, trockenen oder auch frischen Boden
- heimische Staude
- wenig Gefahr durch Nacktschnecken
- sät sich selbst aus

16 29 7 20 12 7

MINZE

Mentha spec.

Viele Minzen können im Beet recht lästig werden, wenn sie sich durch Ausläufer immer breiter machen. Sie sind aber auch leicht und dabei duftend gejätet, sodass man gleich wieder ein schlechtes Gewissen bekommt. Oder Pfefferminztee. An der Minze in meinen Töpfen auf der Terrasse habe ich inventarisiert, welche Insekten die Pflanze besuchen. Ich kam auf über 30 Arten, darunter illustre Gäste wie den Bienenwolf, der hier Honigbienen jagt und Nektar nascht, Töpferwespen, C-Falter, Garten-Bläuling, Grünader-Weißling und viele andere. Brennnesselzünsler, Purpur- und Gold-Zünsler legen auch Eier an der Pflanze ab. Unter den Wildbienen waren es Maskenbienen, Schmalbienen, Acker- und Erdhummel. Besonders beliebt sind die einfachen Blüten aber bei der Fliegenfraktion. Häufig und auffällig sind Totenkopfschwebfliege, Rotgefleckte Raupenfliege (im Bild), Wanzenfliege und Hornissenschwebfliege. Die Kräuter-Blattzikade und die Nesselwanze mögen es herber und saugen lieber den Pflanzensaft.

MEIN TIPP: In einem großen Kübel können die ausbreitungswütigen Minzen nicht abhauen. Ich steche ab, was zu viel wird, und kann dann sogar noch Gemüse wie Tomaten dazupflanzen. Gleichzeitig hält der Duft Kohlweißlinge vom Kohl fern, was zugegebenermaßen nicht besonders insektenfreundlich ist, aber ertragreicher.

STECKBRIEF

- Höhe 30–100 cm, treibt Ausläufer
- weiße oder rosafarbene Blüten von Juni bis September
- für Sonne oder Halbschatten
- bevorzugt einen nährstoffreichen, durchlässigen Boden
- Gewürz- und Duftpflanze

162 27 49 16 56 22

WILDE MÖHRE

Daucus carota

STECKBRIEF

- Höhe 30–80 cm, Breite 30 cm
- weiße oder rosafarbene Doldenblüten mit dunklerer Blüte im Zentrum von Juni bis Oktober
- für Sonne oder Halbschatten
- mag jeden durchlässigen Boden, von mager bis nährstoffreich
- trockenheitsverträglich
- zweijährige heimische Pflanze
- sät sich aus
- Pfahlwurzel

Wilde Möhren sind mit ihren offenherzigen Blütenteppichen attraktiv für Weich-, Bock-, Rosen- und Pinselkäfer, Fliegen, Wespen und Florfliegen – doch wozu ist die dunkle Blüte in der Mitte der Dolde eigentlich gut? Eine Studie fand heraus, dass Blüten mit schwarzem Herzen mehr Wollkrautblütenkäfer anlocken als welche ohne. Daher wird angenommen, dass die Pflanze gezielt Werbung machen möchte, denn wo vermeintlich schon ein Käfer sitzt, muss es ja gut sein. Als Pollenquelle dient die Möhre vor allem Sandbienen wie der Bärenklau-Sandbiene und Schmal- und Furchenbienen. Auch nach der Blüte ist die Pflanze noch bunt, wenn sich Streifen- und Fruchtwanzen über die Samen hermachen. Ihre Feinde, die Wanzenfliegen, sind nie weit, denn durch die lange Blütezeit gibt es neben Samenständen immer noch neue Blüten, die die Fliege anlocken. Die Raupen vom Schwalbenschwanz sind für sich schon ein kunterbunter Grund, die Pflanze zu kultivieren.

MEIN TIPP: Die Samen sind Kaltkeimer, daher sät man im zeitigen Frühjahr. Die Samenstände sollten im Winter stehen bleiben dürfen. Vor dem Rückschnitt im April am bestem auf die grünen Puppen vom Schwalbenschwanz kontrollieren.

Sorte:

- 'Dara': rosa bis violette Blüten

GEWÖHNLICHER NATTERNKOPF

Echium vulgare

Dies ist eine Pflanze, die für Gleichberechtigung sorgt, denn sie bedient gerecht viele Insektengruppen, sogar die Wanzen kommen nicht zu kurz, wie Beeren- und Borretsch-Wanze, Behaarte Wiesenwanze sowie zwei Rand- und mehrere Gitterwanzenarten. Der Dichtpunktierte Walzenhalsbock frisst als Larve in den Stängeln, sitzt jedoch vorher noch dekorativ und hübsch bläulich auf den Blüten. Man darf die Pflanze auch einfach für die Natternkopf-Mauerbiene pflanzen, die auf ihn spezialisiert ist. Außerdem summen Stahlbaue Mauerbiene, Kleine Harzbiene, Holzbiene, Hummeln, Vierfleck- und Dünen-Pelzbiene und Große Keulhornbiene um ihn herum. Schmetterlinge freuen sich wie die Bienen über die lange Blütezeit. Widderchen (im Bild ein Weißfleck-Widderchen), Dickkopffalter, Baumweißling, Zitronenfalter, Admiral, Kleiner Fuchs und andere Falter tauchen hier auf. Der Distelfalter nutzt Natternkopf gelegentlich als Raupenfutterpflanze.

MEIN TIPP: Der Natternkopf ist dürrefest und liebt magere, steinige Böden. Er mag es allerdings nicht, von anderen Stauden bedrängt zu werden. An schattigen Stellen fördert man mit ihm auch leider die Artenvielfalt unter den Nacktschnecken. In großen, sonnigen Gärten mit viel Freiraum für die Aussaat kann er bestandsbildend werden.

STECKBRIEF

- Höhe 30–100 cm, Breite 30–40 cm
- von rosa nach blau wechselnde Blüten von Mai bis Oktober
- für Sonne oder Halbschatten
- mag einen mageren, trockenen Boden, der steinig sein darf
- zweijährig oder kurzlebige Staude
- sät sich selbst aus
- Pfahlwurzel
- heimisch

35 10 10 33 11 1

KARTÄUSER-NELKE

Dianthus carthusianorum

Lieber eine Kartäuser-Nelke auf dem Dach als gefüllte Edelnelken in der Hand – sie gehört in die magere Blumenwiese genauso wie in die extensive Dachbegrünung und an den Fuß von Trockenmauern, denn mit Trockenheit kennt sich diese horstig wachsende Art bestens aus. Die duftenden, pinkfarbenen Blüten werden von Tagfaltern bestäubt, die wichtigsten Bestäuber sind Schachbrettfalter und Weißkernauge (*Satyrus ferula*). Wo sie selten werden, was leider immer häufiger der Fall ist, steht der Fortpflanzungserfolg der Nelke infrage. Gärten können also zum Arterhalt beitragen. Dann dürfen die Larven von Weißbinden-Nelkeneule, Haldenflur-Nelkeneule, der Sackträgermotte *Coleophora dianthi* und des Kartäusernelkenrüsslers ruhig auch ein paar Samenstände auffuttern. Die Raupen der Karden-Sonneneule fressen an den Blütenständen – und auch für uns sind die Blütenblätter essbar. Die Große Keulhornbiene, Schwarzköpfige Herbstsandbiene, Schmal- und Furchenbienen (im Bild) besuchen die Blüten.

MEIN TIPP: Die Nelke wächst auch auf kiesigen Flächen und im Balkonkasten. Eine gute Ergänzung sind Nickendes Leimkraut, Stein- und Heide-Nelke sowie die etwas unscheinbare Sprossende Felsennelke (*Petrorhagia prolifera*). An feuchteren Stellen bieten sich Pracht-Nelke und Kuckucks-Lichtnelke an.

STECKBRIEF

- Höhe 15–40 cm, Breite 10–80 cm
- pinkfarbene Blüten von Juni bis September
- für Sonne oder Halbschatten
- mag einen mageren, trockenen, kalkhaltigen Boden
- heimische Staude
- Flachwurzler, für Kübel geeignet
- versamt sich von selbst
- keine Gefahr durch Nacktschnecken

GEWÖHNLICHE OCHSENZUNGE

Anchusa officinalis

Mit ihrer Pfahlwurzel ist sie der Profi für trockene Böden und blüht unermüdlich, was vor allem Schmetterlinge zu schätzen wissen. Die blauen Blüten sind gern gesehen bei Distelfalter (im Bild), Hummelschwärmer, Dickkopffaltern, Bläulingen, Schwalbenschwanz, Resedafalter, Baumweißling und anderen. Unter den Bienen sind es vor allem Arten mit langem Rüssel, die die Pflanze bestäuben, wie Hummeln, Ochsenzungen-Seidenbiene, Dünen-, Frühlings- und weitere Pelzbienen und die Ochsenzungen-Sandbiene. Auch Dolchwespen lassen sich entdecken. Die Samen sind wegen ihres Elaiosoms, einem nahrhaften Anhängsel, beliebt bei Ameisen, die ihnen gern Beine machen. Die eigentlich mediterrane Bodenwanze *Graptopeltus validus*, die an den Samen saugt, wird durch den Klimawandel einwandern. Die Natternkopf-Netzwanze findet sich schon jetzt an der Pflanze. Der windschnittig aussehende Zahnbindenzünsler frisst als Raupe am Laub. Einige Erdfloharten, kleine sprunghafte Käfer, hüpfen auf der Pflanze herum.

MEIN TIPP: Die Ochsenzunge ist eine Blackbox-Pflanze, die sich ihren Platz selbst sucht. Sie lässt sich für ein Sandarium verwenden, da sie sandige Böden mag, zusammen mit Sandglöckchen, Feld-Mannstreu und Rispen-Flockenblume.

STECKBRIEF

- Höhe 30–100 cm, Breite 30–40 cm
- blaue Blüten von Mai bis September
- für Sonne oder Halbschatten
- mag einen durchlässigen, frischen bis trockenen Boden
- meist zweijährig
- heimisch
- sät sich selbst aus
- Pfahlwurzel

LASS LAUB LEBEN!

Es ist das flächenmäßig größte Insektenhotel im Garten: Das Falllaub dient vielen Tieren als Lebensraum und Futter – ein Loblied auf Laub!

Anstatt im Herbst im Abfall zu landen, liegen die Blätter auf den Staudenbeeten und unter Gehölzen goldrichtig: Die Raupen einiger Nachtfalter wie Achateule, Staubeulen, Hausmutter oder Breitflügelige Bandeule überwintern dort, die Gebüsch-Wintereule sogar als Falter. Raupenähnlich sind die räuberischen Larven von Weichkäfern, die sich am Boden entwickeln und sich im Sommer als bunte Blütenbesucher in die Lüfte schwingen. Auch Schwebfliegenlarven leben in der Laubstreu, zum Beispiel die der Matten Schwarzkopfschwebfliege (Seite 133), wo sie Jagd auf andere Zweiflügler macht – vor allem Polierfliegen- und Stelzmückenlarven, dazu die platten Larven der Lanzenfliegen, die an eine Assel mit Antennen erinnern.

Räuber und Tänzer

Einige kleinere Käferarten, Glühwürmchen und Laufkäferlarven, kleine Dungfliegenarten und die winzigen Feinfliegen hocken in der kalten Jahreszeit mehr oder weniger aktiv im Laub. Die wenig erforschten Wintermücken, die an nicht allzu kalten Wintertagen ihre Balztänze aufführen, verkriechen sich bei Regen lieber in der Laubstreu, wo sie ein Dach über dem Kopf haben.

» Schmuckschatulle mit Insektenfüllung: Der Köcher von De Geers Langhornfalter (*Nemophora degeerella*) braucht im Winter eine Laubauflage auf den Beeten.

» Die froschähnlichen Nymphen der Käferzikaden mit dem Pinsel am Hinterende können noch nicht fliegen, aber sehr gut und weit durch die Laubstreu hüpfen.

Über ein kuschliges Bett zwischen Blättern freuen sich auch Feuerwanzen und die kleinere Rotbraune Sichelwanze, die als Räuber unterwegs ist und ganzjährig am Boden und an Stauden jagt. Verschiedene Staublausarten sind im Winter ebenso im Laub anzutreffen wie Jungtiere der ulkigen Käferzikaden. Auch Vielfüßer, die keine Insekten sind, finden sich hier: Springschwänze, Hornmilben, Asseln und Tausendfüßer bauen Humus auf – Moosskorpione, Hundertfüßer, Spinnen und Weberknechte leben dagegen räuberisch. Sie alle freuen sich über eine dicke Laubdecke im Garten.

» Die Rotbraune Sichelwanze ist ein Räuber, der im Winter am Boden bleibt und im Sommer auch auf die Stauden klettert. Hier hatte sie an der Schafgarbe Jagderfolg.

25 13 5 5 2 2

KLEINKÖPFIGER PIPPAU

Crepis capillaris

Er ist zwar klein-, aber dafür vielköpfig. Immer wieder erscheinen neue Blüten. Und das Beste: Man muss sich nicht einmal um ihn bemühen. Per Samenfallschirm reist er federleicht überall hin und erscheint ungefragt im Rasen, in der Blumenwiese oder in Pflasterfugen und blüht sich die Seele aus dem Leib, wenn er darf. Und das sollte er, denn an seinen gelben Blüten, die nur aus Zungenblüten bestehen, ist immer was los. Bei den Wildbienen ist er der Renner. Hier tummeln sich Löcherbiene, Hosenbiene, Zweifarbige und Gemeine Sandbiene, Zottelbienen, Schmal- und Furchenbienen und die Distel-Mauerbiene. Besonders auffällig ist die Gelbbindige Furchenbiene. Schwebfliegen lieben diese offenen Blüten genauso wie Schlupfwespen und kleinere Käfer, zum Beispiel die Scheinbockkäfer. Die Hasenlatticheule legt ihre Eier an die Blütenknospen, außerdem fressen Raupen der Karden-Sonneneule und des Federgeistchens *Oxyptilus distans* an der Pflanze.

MEIN TIPP: Mit dem Pippau erscheint auch das Ferkelkraut gern im Rasen – vielleicht ist dies der erste Schritt zur einer kleinen Blumeninsel? In Blumenwiesen sollte man den Wiesen-Pippau ansäen, er ist größer und macht auch optisch richtig was her.

STECKBRIEF

- Höhe 30–100 cm, Breite 30–40 cm
- gelbe Blüten von Juni bis September
- für Sonne oder Halbschatten
- mag einen durchlässigen, frischen Boden, verträgt Trockenheit
- heimische einjährige Pflanze, die Blattrosette überwintert
- sät sich selbst aus
- keine Gefahr durch Schnecken

30 | 11 | 4 | 4 | 11 | 8

BREITBLÄTTRIGE PLATTERBSE

Lathyrus latifolius

Sie kommt gut mit dem Klimawandel zurecht, immerhin stammt sie aus dem Mittelmeerraum, ist aber völlig winterhart. An einem Rankgerüst schwingt sich die rankende Staude zu großen Höhen auf und blüht monatelang. Holzbienen, früher eher im Süden anzutreffen, breiten sich aus und stürzen sich begeistert auf die Blüten, die sie mit ihrer Größe leicht aufhebeln. Den kleineren Platterbsen-Mörtelbienen (im Bild) traut man das weniger zu, aber auch sie sind geschickt darin und haben Honigbienen einiges voraus. Hummeln versuchen sich ebenfalls in dieser Kunst, außerdem Langhornbienen sowie Schwarzbürstige, Dünen- und Totholz-Blattschneiderbiene. Zitronenfalter, Taubenschwänzchen und Nachtkerzenschwärmer holen Nektar, der Kurzschwänzige Bläuling legt auch Eier an der Pflanze ab. Die elegante Wickenblattlaus mit roten Augen, schwarzen Beinen und grünem Körper hockt wie ein kleiner Vampir an der Pflanze, schadet aber nicht.

MEIN TIPP: Gewissensfrage: Entfernt man die Samenstände, um neue Blüten zu fördern, oder überlässt man sie den Samenkäfern? Wenn noch mehr Platterbsen gewünscht sind, kann man die Samen ruhig ausreifen lassen, die Pflanze verschießt sie dann weiträumig.

Sorten:

- 'Weiße Perle': weiße Blüten
- 'Rosa Perle': rosa Blüten mit ganz feinen, dunkleren Streifen
- 'Rote Perle': pinkfarbene Blüten, die bläulich verblühen

STECKBRIEF

- Höhe 100–250 cm, Breite 50–120 cm
- pinkfarbene Blüten von Juni bis September
- für Sonne oder Halbschatten
- mag einen frischen bis trockenen, nährstoffreichen Boden
- leicht aus Samen zu ziehen
- kletternde Staude

188 23 63 26 34 35

RAINFARN

Tanacetum vulgare

Aus den getrockneten Blättern lässt sich ein Sud gegen beißende und saugende Insekten herstellen, was paradox klingt, denn der Rainfarn wird selbst von einer ganzen Armada von Beißern und Saugern angegangen. Rüsselkäfer bohren sich in Wurzel und Stängel und ein ganzer Zoo von Blattläusen lebt auf der Pflanze. Besonders interessant ist aber das Treiben auf den etwas müffelnden Blüten zu beobachten, wenn Seiden- und Maskenbienen und Tagfalter erscheinen. Die Rainfarn-Masken- und die Rainfarn-Seidenbiene sind zwar nach ihm benannt, wählen aber auch andere Pollenquellen, die Löcherbiene als Korbblütler-Opportunistin sowieso. Die leicht zugänglichen Blüten, für die man keinen langen Rüssel braucht, sind auch bei den zierlichen Schmal- und Furchenbienen beliebt. Kleiner Fuchs, Kleines Wiesenvögelchen, Garten-Bläuling und Kleiner Feuerfalter sind Stammgäste an den zahlreichen Röhrenblüten, die in vielen gelben Knöpfchen angeordnet sind. Rainfarn-Blütenspanner und Mönch fressen am Laub ebenso wie der Flockenblumen-Blütenspanner. Im Bild legt die Rainfarn-Federmotte ein Ei.

STECKBRIEF

- Höhe 50–120 cm, Breite 60–80 cm
- gelbe Blüten von Juli bis Oktober
- für Sonne oder Halbschatten
- liebt einen humosen, frischen bis trockenen Boden
- heimische Staude
- wuchert

MEIN TIPP: Rainfarn kann in der Blumenwiese, am Gehölzrand oder im Staudenbeet wachsen. Noch spät im Jahr fressen die Raupen von *Aethes smeathmanniana* und anderen Wicklerarten an den Blütenständen und verpuppen sich auch darin. Die Pflanze sollte daher erst spät im nächsten Jahr zurückgeschnitten werden.

36 32 10 6 13 3

WILDE RAUKE

Diplotaxis tenuifolia

Sie hat die Städte im Sturm erobert und wächst an Hauswänden, in Pflasterfugen und an Wegrändern, genau dort, wo etwas Grünes dringend gefehlt hat. Im Garten ist sie das Schweizer Taschenmesser unter den Stauden: Essbar und als Rucola bekannt, Insektenweide und Raupenfutterpflanze, noch dazu wärmeliebend und trockenheitsverträglich. Wo rund herum die Wiesen in einem Dürresommer braun sind, sticht sie frisch und frech hervor. Die ganze Mannschaft der Weißlinge futtert das Laub, vom Karstweißling bis zum Großen Kohlweißling, da kann man schon mal futterneidisch werden. Zum Glück sät sich die Pflanze von alleine reichlich aus, wenn sie offenen Boden findet. Das ist auch der großen Kundschaft an Bestäubern zu verdanken. Sogar die elitäre Efeu-Seidenbiene wurde überraschenderweise beim Pollensammeln an Rucolablüten beobachtet. Auch die seltene Filzzahn-Blattschneiderbiene, die Gemeine Sandbiene, die Grünglanz-Schmalbiene, die Schwarzglänzende Keulhornbiene. Schwebfliegen und Schmetterlinge wie der Resedafalter (im Bild) besuchen die Blüten gern.

MEIN TIPP: Die Wilde Rauke mag es gern wild und braucht keinen Dünger, ein wenig Kompost reicht aus. Sie sät sich auch an unwirtlichen, sandigen Stellen aus und lässt sich mit anderen Freigeistern kombinieren, wie Natternkopf oder Schnittlauch.

STECKBRIEF

- Höhe 30–50 cm, Breite 10–20 cm
- gelbe Blüten von Juni bis Oktober
- für Sonne oder Halbschatten
- liebt einen mageren, frischen bis trockenen Boden
- Staude aus dem Mittelmeerraum
- Pfahlwurzel
- essbar

27 | 12 | 3 | 3 | 22 | 2

GELBE RESEDE, GELBER WAU

Reseda lutea

STECKBRIEF

- Höhe 20–50 cm, Breite 20–40 cm
- hellgelbe Blüten von Mai bis September
- mag Sonne bis Halbschatten
- für einen mageren bis nährstoffreichen, durchlässigen, trockenen Boden
- zweijährige Pflanze, sät sich selbst aus
- Pfahlwurzel

Diese Pflanze beweist, warum der Resedafalter so heißt: Neben dem Großen und Kleinen Kohlweißling weicht auch er hier von seiner Vorliebe für Kreuzblütler ab und legt Eier an die Resede. Sie ist ein Rohbodenpionier, der sich über offene Bodenstellen freut und sie rasch besiedelt. Daher ist sie Stammgast in Gleisanlagen und auf Schuttbergen – im Garten darf es ruhig ästhetischer zugehen, hier wächst sie auf jedem trockenen, mageren Boden, Hauptsache, er lässt Selbstaussaat zu. Wenn sie blüht, zieht sie einige Wildbienen an – die Maskierten sind hier in der Mehrzahl, allen voran die spezialisierte Reseden-Maskenbiene, dazu die Gewöhnliche Maskenbiene, die Rostrote Mauerbiene, die Gewöhnliche Keulhornbiene, die Weißgefleckte und Spalten-Wollbiene (im Bild). Auch viele Bockkäfer, Trauerrosenkäfer, Stolper-, Immen- und Schwefelkäfer finden sich ein, Letztere muss man nur entdecken, da sie an den schwefelgelben Blüten von Weitem nicht auffallen. Am Laub und den Früchten leben Rüssel- und Blattkäfer, vor allem aber Kohlerdflöhe, die wie der Resedafalter an dieser Pflanze von ihrer Kreuzblütlerdiät abweichen.

MEIN TIPP: Gute Partner für die Resede sind Natternkopf, Rauken, Taubenkopf-Leimkraut und Wilde Möhre. Auch sie mögen offene Bodenstellen. Wildlaucharten wie der Gelbe Lauch passen dazwischen.

88 27 35 12 27 6

WIESEN-SALBEI

Salvia pratensis

Er ist der Blaublüter in der Wiese, immer nobel und stilsicher. Ob Kiesgarten, Blumenwiese oder Blumenbeet: Wiesen-Salbei macht was her und ist trockenheitsverträglich. Noch schöner werden seine blauen Blüten, wenn sich Tagfalter wie Schwalbenschwanz, Baumweißling, Dickkopffalter, Hummelschwärmer oder Zitronenfalter auf sie stürzen. Hummeln lieben Blau und so kommen sie am Salbei kaum vorbei, der ihnen zum Dank Pollen auf den Hummelhintern stempelt. Stahlblaue, Zweifarbige und Rostrote Mauerbiene, Schwarze Mörtelbiene, Holzbiene, Salbei-Schmalbiene (im Bild), weitere Schmalbienenarten und einige Sandbienenarten besuchen die Blüten außerdem. Die Raupen von Hausmutter, Kleinem Nachtpfauenauge und Gammaeule fressen an den Blättern, dazu etliche Kleinfalter, wie einige hübsche kleine Zünsler, die selten mit deutschen Namen ausgestattet sind. Wie Schildkröten können mehrere Schildkäferarten an der Pflanze auftreten, ihre asselähnlichen Larven fressen an den Blättern und tarnen sich mit ihrem eigenen Kot als wandelnde Müllhalde.

MEIN TIPP: Gute Nachbarn sind Schafgarbe, Wundklee, Wegwarte oder Kugelköpfiger Lauch. Um sich bei den Holzbienen einzuschmeicheln, ist auch Muskateller-Salbei ein Muss, allerdings ist er zweijährig. Bei mehr Schatten ist der gelbblühende, ausdauernde Klebrige Salbei eine gute Wahl.

STECKBRIEF

- Höhe 30–60 cm, Breite 30–40 cm
- blaue Blüten von Mai bis August
- mag Sonne bis Halbschatten
- für einen humosen, durchlässigen, trockenen Boden
- heimische Staude
- Pfahlwurzel

BERG-SANDGLÖCKCHEN

Jasione montana

Nur der Name deutet darauf hin, dass diese Staude ein Glockenblumengewächs ist, ansonsten tarnen sich die Blüten ganz hervorragend und ähneln eher einer Skabiose, da sie aus vielen kleinen Glöckchen zusammengesetzt sind. Tatsächlich findet man hier auch einige Wildbienenarten, die gern Korbblütler besuchen, wie Rotbeinige und Gelbbindige Furchenbiene und Hosenbienen, aber auch typische Glockenblumenfans, darunter Glockenblumen-Schmalbiene sowie Glockenblumen-Sägehornbiene. Weitere Highlights sind Dünen-Pelzbiene, Spalten-Wollbiene und Kleine Harzbiene, dazu viele solitäre Wespen. Die gefährdete Sandglöckchen-Sandbiene ist sogar auf die Staude angewiesen. Schmetterlinge können ebenfalls kaum an den blauen Blüten vorbeifliegen, vom Bläuling bis zum Widderchen ist alles vertreten, für das Kupferglanz-Grünwidderchen sind die Blüten sogar die Nummer eins. Pollenfutternde Käfer setzen der Pflanze zusätzliche Farbtupfer auf. Bock-, Schwefel- und Trauerrosenkäfer lassen sich hier beobachten sowie Grüne Scheinbockkäfer (im Bild ganz oben auf der Blüte zusammen mit zwei Langrüssel-Raupenfliegen). Der Kleine Distelbock und der Glockenblumenrüssler entwickeln sich als Larven in den Stängeln.

MEIN TIPP: Das zarte Sandglöckchen lässt sich gut mit anderen schlanken Gesellen der Sandböden vergesellschaften, wie Strohblume, Sandnelke, Rispen-Flockenblume und Reseden. So entsteht eine wiesenartige Anmutung.

STECKBRIEF

- Höhe 20–40 cm, Breite 20–30 cm
- blaue Blüten von Juni bis Oktober
- schmale Blätter
- für Sonne oder Halbschatten
- liebt einen trockenen, durchlässigen Boden, gern auf Sand
- heimische Staude
- Pfahlwurzel

GEMEINE SCHAFGARBE

Achillea millefolium

Für sie muss man sich weder im Beet noch in der Wiese ins Zeug legen, denn die Schafgarbe braucht nicht unbedingt einen abgemagerten Boden. An ihr wird der Zwergenaufstand geprobt, denn von einer Vielzahl an Blattlausarten über die winzige Miniermotte *Bucculatrix cristatella* mit ihrer wilden Frisur bis zu etlichen Miniersackträgermotten leben viele kleine Insekten an der Pflanze. Doch es geht auch eine Nummer größer: Selten fressen sogar die Raupen vom Distelfalter an der Staude. Die weißen, manchmal rosafarbenen Blüten sind aus vielen kleinen einzelnen Korbblüten zu einem flachen Blütenstand zusammengesetzt, was ihre Fernwirkung ausmacht. Unter den Wildbienen werden sie von Masken- und Seidenbienenarten wie der Rainfarn-Seidenbiene, Schmal- und Furchenbienen, der Gewöhnlichen Löcherbiene und einigen Sandbienenarten zum Pollensammeln genutzt. Vor allem kleine Schmetterlinge wie Kleiner Feuerfalter und andere Bläulinge, aber auch größere Falter wie Schachbrettfalter, Kleines Wiesenvögelchen, Dickkopffalter, Kleiner Fuchs oder Distelfalter trinken hier Nektar. Auch Schwebfliegen, im Bild eine Mistbiene, landen hier gern.

MEIN TIPP: Eine trockenheitsverträgliche Partnerstaude ist der Feld-Beifuß (*Artemisia campestris*) – Biodiversitätsindex 209. An ihm leben viele Mottenarten, die auch an Achillea fressen.

STECKBRIEF

- Höhe 20–50 cm, Breite 40–50 cm
- weiße oder rosafarbene Blüten von Juni bis August
- für Sonne oder Halbschatten
- mag einen humosen, nährstoffreichen, trockenen bis frischen Boden
- heimisch
- Flachwurzler

53 20 13 3 13 7

SCHWARZNESSEL

Ballota nigra

STECKBRIEF

- Höhe 30–100 cm, Breite 40–60 cm
- rosa Blüten von Juli bis September
- für Sonne, Halbschatten oder lichten Schatten
- mag einen nährstoffreichen, frischen bis trockenen Boden
- Staude, aus dem Mittelmeerraum eingewandert
- Flachwurzler

Trotz des düsteren Namens und befremdlichen Geruchs muss man bei dieser fantastischen Staude nicht schwarzsehen, denn mit ihren hübschen Blüten gibt sie monatelang alles für Wildbienen, besonders für Garten-Wollbiene, Wald- und Vierfleck-Pelzbiene, Holzbiene, Schneckenhaus-Mauerbienen und natürlich Hummeln (im Bild), die ja immer für Lippenblütler zu haben sind. Tagfalter wie Perlmuttfalter oder Weißlinge werden ebenso angelockt. Ein wenig Glanz bringen die Schillerwanze und einige bunte Blattkäfer, zum Beispiel der Geglättete oder der Prächtige Blattkäfer, an die Pflanze. Die Raupen der Messing- und Achateule und die des goldigen Zünslers *Ecpyrrhorrhoe rubiginalis* fressen an den Blättern, in der Schweiz auch der Andorn-Dickkopffalter. Die Raupen vom Hohlzahn-Kapselspanner hocken am liebsten in den Samenständen, die des Schwarznessel-Glasflüglers leben verborgen in der Wurzel. Die Schwarznessel liebt stickstoffreiche Böden, also normalen Gartenboden, der für sie nicht abgemagert werden muss.

MEIN TIPP: Die Staude eignet sich für eine üppige Pflanzung mit anderen Stickstoffliebhabern, allen voran das Herzgespann, für Falter die Brennnessel. Auch Natternkopf passt gut und in schattigeren Lagen Taubnesseln und Hohes Helmkraut.

ACKER-SENF

Sinapis arvensis

Senf säen wie auf dem Acker? Klingt schräg, doch dies wird von führenden Wildbienenexperten aufs Schärfste empfohlen. Sechs Arten oligolektischer, also spezialisierter Bienen kann man immerhin mit der einjährigen Pflanze zum Überleben verhelfen, wie der Schöterich-Mauerbiene und der Senf-Blauschillersandbiene. Viele der im Frühjahr fliegenden Sandbienenarten besuchen die gelben Blüten, zum Beispiel die Aschgraue (im Bild) und die Zweifarbige Sandbiene. Auch die Vierfleck-Pelzbiene und die Gewöhnliche Maskenbiene tauchen hier auf. Noch mehr Arten finden sich unter den Schmal- und Furchenbienen – kurz: Der schnöde Acker-Senf hat wirklich viele Fans. Natürlich sind auch die üblichen Verdächtigen darunter, nämlich die Liebhaber von Senfölglykosiden in Form von Kohlweißlingen und der Kohleule, deren Raupen am Laub fressen. Der Aurorafalter frisst als Larve an den Früchten. Die so schreckhafte wie bunte Kohlwanze liebt die Pflanze genauso wie die hübsche Beerenwanze.

MEIN TIPP: Senf braucht immer wieder offenen Boden, um sich auszusäen. Er eignet sich daher auch als Gründüngung zusammen in einer Mischung mit anderen Gründüngerpflanzen in der Gemüsefruchtfolge. So kann er immer auf einem anderen Beetquadranten ausgesät werden.

STECKBRIEF

- Höhe 20–60 cm, Breite 20–50 cm
- gelbe Blüten von Mai bis Oktober
- für Sonne oder Halbschatten
- mag einen nährstoffreichen frischen bis trockenen Boden
- einjährig
- heimisch

64 · 26 · 13 · 12 · 35 · 20

WEIẞER STEINKLEE

Melilotus albus

STECKBRIEF

- Höhe 30–150 cm, Breite 30–60 cm
- weiße Blüten von Juni bis September
- für Sonne oder Halbschatten
- mag einen nährstoffreichen, trockenen, gern sandigen Boden
- zweijährig, sät sich selbst aus
- Pfahlwurzler
- heimisch

Sein Name klingt etwas dröge, obwohl er seine Vorliebe für trockene Ruderalstellen gut beschreibt, wo er als zweijährige Pflanze sogar Stauden einfach davonwächst. Er wird auch „Luzerne der Sandböden“ genannt, da er diesen trockenen Standort mit Stickstoff und Humus anreichert und mit seinem Cumaringehalt sogar Mäuse vertreiben soll. Viel schöner klingt aber Weißer Honigklee, denn bei Bienen ist er äußerst beliebt und bietet über Monate eine verlässliche Anlaufstelle. Spalten-Wollbiene, Platterbsen-Mörtelbiene, Luzerne-Sägehornbiene, Dreizahn-Mauerbiene, Stahlblaue Mauerbiene, Luzerne-Blattschneiderbiene und *Andrena ovatula* sind nur einige der Steinklee-Stammkunden, dazu auch Hummeln. Raupenfutterpflanze ist er für den Garten-, Idas-, Alexis- und Kurzschwänzigen Bläuling (im Bild ein Hauhechel-Bläuling), Goldene Acht und Postillion. An den Samen vergreifen sich viele Laufkäferarten, darunter einige Kamelläufer, außerdem Rüsselkäfer wie der Frühe Honigklee-Blütenrüssler.

MEIN TIPP: Eine gute Ergänzung ist der Echte Steinklee, der in Gelb blüht. Beide Arten kann man als Soforthilfe für die Insekten im Frühjahr pflanzen und gleichzeitig ansäen, dann kommt in den darauffolgenden Jahren immer ein Teil zur Blüte. Die Samenstände müssen für die Selbstaussaat den Winter über stehen bleiben.

38 | 19 | 18 | 5 | 2 | 3

GROẞE STERNMIERE

Stellaria holostea, Rabelera holostea

Sie ist die Grande Dame unter den Mieren und Hornkräutern und lässt es im Frühjahr richtig krachen. Unzählige weiße Blüten erscheinen über grasartig spitzem Laub, das die Pflanze den ganzen Winter lang in leuchtendem Grün auf ihren großen Auftritt vorbereitet hat. Man muss schon genau hinschauen, um die Aurorafalter (im Bild) – zumindest die Weibchen – und Weißlinge an den hellen Blüten zu entdecken. Auffälliger sind der Pantherspanner und das niedliche Hornkraut-Tageulchen, das auch Eier an der Pflanze ablegt. Unter den Wildbienen ist die Pflanze fast ganz in Sandbienenhand, darunter Rote-Ehrenpreis- und Rotschopfige Sandbiene, aber auch einige Schmal- und Furchenbienen sammeln hier Pollen. Die Rostrose Mauerbiene als Opportunistin lässt sich die Pflanze im Garten nicht entgehen. Als Raupennahrung dient die Pflanze außerdem verschiedenen Erdeulen-Arten, Blattspannern und Bandeulen, wie der Breitflügeligen Bandeule, die gern in Gärten lebt und als Raupe in der Laubstreu aufzustöbern ist.

MEIN TIPP: Die Große Sternmiere hängt sich im großen Kübel gern über den Rand, was gut zu Hängepolster-Glockenblumen aussieht. Im Beet passt sie zu vielen Frühblühern wie Lungenkraut, *Anemone sylvestris* und Salomonssiegel. Die Staude lässt sich teilen und sät sich selbst aus.

STECKBRIEF

- Höhe 10–30 cm, Breite 30–40 cm
- weiße Blüten von April bis Juni
- für Sonne, Halbschatten oder lichten Schatten
- mag einen nährstoffreichen, frischen Boden
- heimische Staude
- wintergrün
- essbar

66 12 23 42 8 8

GEWÖHNLICHER WASSERDOST

Eupatorium cannabinum

STECKBRIEF

- Höhe 50–150 cm, Breite 40–100 cm
- rosa Blüten von Juli bis August
- für Sonne oder Halbschatten
- mag einen frischen bis feuchten, nährstoffreichen, kalkhaltigen Boden
- heimische Staude
- Pfahlwurzler
- keine Gefahr durch Nacktschnecken

Die großen rosa Blütenstände sind ein himmlisches Kissen für alle möglichen Insekten. Tagfalter tummeln sich hier genauso wie Schwebfliegen, Bock-, Rosen- und Pinselkäfer, Wildbienen, Bienenwolf und Hummeln. Besonders auffällig sind die Sumpfschwebfliegen und die Kuckucksbiene *Sphecodes albilabris* (im Bild), die die Frühlings-Seidenbiene parasitiert. Bei dieser großen Blutbiene überwintern die Weibchen, sie haben also im Sommer frei und können sich ganz dem Nektarnaschen widmen. Die Raupen von Wasserdost-Goldeule, Hellbrauner Bandeule und Quellhalden-Goldeule leben an der Staude, außerdem die hübsche Weichwanze *Calocoris roseomaculatus*. Bei den ersten Herbststürmen duckt sich die Pflanze weg und liegt am Boden, wo ihre Stängel und Matschblätter von Destruenten abgebaut werden. Die Larven der Gelbflügel-Erzschwebfliege und die Raupen des Federgeistchens *Adaina microdactyla* sowie des Wicklers *Cochylidia rupicola* haben nun Zeit, sich in den Stängeln zu entwickeln, wenn wir sie im Garten belassen.

MEIN TIPP: Diese Pflanze mag es gern feucht, gibt aber an trockenen Standorten und in Dürresommern nicht auf, sondern bleibt dann nur kleiner. Sie treibt spät aus und lässt sich auch von einer Bärlauchinvasion im Garten nicht abschrecken, sie wächst einfach hindurch.

GEMEINE WEGWARTE

Cichorium intybus

Sie ist die blaublütige Königin der Wegränder und Wiesen, macht sich aber auch im Garten gut mit ihrer hochgewachsenen Erscheinung. Bei der Wegwarte haben die Wildbienen die Hosen an: Zahlreiche Arten besuchen die blauen Blüten, allen voran die Hosenbiene (im Bild), aber auch mehrere Zottelbienenarten, die Löcherbiene, Hummeln, Gelb-, Vier- und Weißbindige Furchenbiene, Schmalbienen, die Distel-Mauerbiene, Große Keulhornbiene und die Rostfarbige Blattschneiderbiene. Die Käferkundschaft setzt sich vor allem aus Laufkäfern der Gattungen *Amara* und *Harpalus* zusammen, die es auf die Samen abgesehen haben, wodurch sie dem Stieglitz Konkurrenz machen. Als Blütenbesucher sind auch Schwebfliegen und der Immenkäfer häufig. Da eine erkleckliche Zahl an Blattlausarten an der Wegwarte saugt, kommen räuberische Schwebfliegenlarven voll auf ihre Kosten. Selten fressen die Raupen des Distelfalters an den Blättern, außerdem die Hasenlatticheule.

MEIN TIPP: Die Wegwarte ist meist zweijährig und muss sich immer wieder aussäen. Dazu passen Königskerzen und Wilde Möhre, die genauso offene Bodenstellen brauchen, um sich zu erhalten. Alternativ sät man Wegwarte im Topf aus und pflanzt sie rasch ins Beet, bevor die Pfahlwurzel zu lang wird.

STECKBRIEF

- Höhe 50–100 cm, Breite 50–60 cm
- blaue Blüten von Juni bis Oktober
- für Sonne bis Halbschatten
- mag einen stickstoffreichen, trockenen bis frischen Boden
- trockenheitsverträglich
- Pfahlwurzel
- zweijährig bis ausdauernd
- sät sich selbst aus
- keine Gefahr durch Nacktschnecken

72 | 9 | 24 | 14 | 16 | 14

SCHMALBLÄTTRIGES WEIDENRÖSCHEN

Epilobium angustifolium, Chamerion angustifolium

Schmal sind bei diesem Weidenröschen nur die Blätter. Die prächtigen Blütenkerzen lenken davon ab, dass es ein Platzhirsch ist und Ausläufer treibt. Am Gehölzrand, wo dies nicht stört, ist es eine elegante Erscheinung. Als Belohnung kann man mit Glück die imposanten Raupen von Labkraut-, Nachtkerzen- und Mittlerem Weinschwärmer beobachten. Als Blattminierer treten die Larven einiger Fransenmottenarten auf, wie der Große Weidenröschen-Fransenfalter. Die Weidenröschen-Blattschneiderbiene ist auf die Staude spezialisiert. Auch Hummeln, Garten-, Zottige und Dünen-Blattschneiderbiene besuchen die Blüten. Unter den Wanzen sind es vor allem Weichwanzen wie die Grüne Futterwanze, für die das Weidenröschen ein weiches Herz hat. Bei den Käfern sind es Rüssel- und Blattkäfer wie der Blattfallkäfer. Pinsel- und Bockkäfer besuchen die Blüten.

MEIN TIPP: Auf leichten Böden sind die Ausläufer besser in Schach zu halten. Weniger Wucherpotenzial hat die Sorte 'Album'. An trockenen, sonnigen Stellen bietet sich das Rosmarin-Weidenröschen (*E. dodonaei*) an, an dem auch der Fledermausschwärmer frisst, am Teichrand das Zottige Weidenröschen (*E. hirsutum*).

Sorten:
- 'Album': weiße Blüten, wuchert weniger
- 'Stahlrose': hellrosa Blüten, 80 cm hoch

STECKBRIEF
- Höhe 50–150 cm, treibt Ausläufer
- rosa Blüten von Juli bis August
- für Sonne, Halbschatten oder lichten Schatten
- mag einen frischen bis trockenen, nährstoffreichen Boden
- heimische Staude
- Flachwurzler
- keine Gefahr durch Nacktschnecken

BLUT-WEIDERICH

Lythrum salicaria

Zwergrüssler sind niedlich, doch meinem Blut-Weiderich schaden sie in trockenen Jahren sehr, indem sie die Blütenknospen zerstören. Der Marmorierte Zwergrüssler und andere Rüsselkäfer tun das so gründlich, dass sie zum Exportschlager wurden und in Nordamerika den Job haben, den dort neophytischen Blut-Weiderich zu bekämpfen. Am optimalen Standort mit Sonne und frischem Boden blüht die Staude aber üppig und lässt sich nicht von Rüsselkäfern unterkriegen, sehr zur Freude des Garten-Bläulings, der ebenfalls Eier an die Blütenknospen legt. Das Südliche Kleine Nachtpfauenauge frisst als Raupe an der Pflanze. Ein großes Spektakel sind die riesigen Raupen des Mittleren Weinschwärmers. Viele Falter besuchen die Blütenkerzen, darunter Zitronenfalter, Weißlinge, Dickkopffalter, Kleiner Feuerfalter, Distel- und C-Falter. Die Pflanze hat es sogar zu zwei spezialisierten Wildbienenarten gebracht, der Blutweiderich-Sägehorn- und -Langhornbiene. Auch Kegelbienen (im Bild), Dünen-Pelzbiene und Gewöhnliche Schmalbiene nutzen die Blüten.

MEIN TIPP: Blut-Weiderich muss nicht unbedingt in Gewässernähe stehen, er kommt auch mit normalem und wechselfeuchtem Gartenboden klar, blüht bei Dürre aber dort weniger üppig. Kleine Sorten wie 'Robert' wachsen auch im Kübel.

STECKBRIEF

- Höhe 50–120 cm, Breite 30–50 cm
- pinkfarbene Blüten von Juli bis September
- für Sonne bis Halbschatten
- mag frische bis feuchte Böden, gern am Teichrand
- Flachwurzler
- keine Gefahr durch Nacktschnecken
- heimische Staude

☆ 56 31 24 2 21 9

ZAUN-WICKE

Vicia sepium

Der Name sagt alles: Diese Wicke mit den violetten Blüten führt im Garten ein Nischendasein und versucht heimlich Zäune zu erklettern. Das sollte man ihr auch gönnen, denn sie ist bei zahlreichen Insekten begehrt. Noch lieber als ein Zaun ist ihr ein Heckensaum oder eine nährstoffreiche Blumenwiese, hier kann man versuchen, sie zu etablieren. Ein Highlight sind Langhornbienen (im Bild), die die Blüten lieben, außerdem die Schwarzbürstige Blattschneiderbiene und die Wand-Pelzbiene. Acht Mauerbienen finden sich an den Blüten, darunter so illustre wie die Goldene Schneckenhaus- und die Stahlblaue Mauerbiene. Auch die häufigen Nisthilfen-Bewohner sammeln hier Pollen. Die Zaunwicken-Sandbiene ist auf Wicken spezialisiert, aber ein fauler Bestäuber, da sie die Blüten aufbeißt, um den Nektar zu klauen. Raupen findet man einige an der Pflanze und Falter saugen Nektar. Zu Ameisen ist die Pflanze sehr spendabel und bietet ihnen extraflorale Nektarien, daher verteidigen sie die Pflanze argwöhnisch und werfen selbst Trauerrosenkäfer von der Blüte, die dort einfach nur in Ruhe übernachten wollen.

STECKBRIEF

- Höhe 30–60 cm, Breite 20–30 cm
- violette Blüten von April bis August
- für Sonne oder Halbschatten
- mag einen nährstoffreichen, frischen, humosen Boden ohne Staunässe
- kletternde, heimische Staude

MEIN TIPP: Bei mehr Schatten ist die Frühlings-Platterbse (*Lathyrus vernus*) eine gute Alternative. Sie klettert kaum und lebt gern unter Bäumen, wie sie es aus dem kalkreichen Buchenwald kennt.

WIESEN-WITWENBLUME

Knautia arvensis

Der Name Witwenblume ist ein wenig abschreckend, doch es ist eher eine lustige Witwe, denn sie blüht munter immer weiter und findet selbst im Herbst kein Ende. Die rosafarbenen kreisrunden Blüten, die aussehen wie ein Nadelkissen, sind gleich für drei spezialisierte Wildbienen wichtig: Für Knautien-Sandbiene, Skabiosen-Sandbiene und Knautien-Hosenbiene, die aber schon eine Rarität ist. Selbst am Nesteingang ist die Knautien-Sandbiene noch gut an ihren rosa Pollenhöschen zu erkennen, die sie von der Witwenblume verpasst bekommt (die Tauben-Skabiose hat weißen Pollen). Auch Gelbbindige, Weißbindige und Vierbindige Furchenbiene sowie vier Schmalbienenarten lassen sich beobachten, dazu Pinsel- und Bockkäfer. Als Witwentröster treten an den Blüten viele Tagfalter auf wie Resedafalter (im Bild), Ochsenauge, Dickköpfe, Widderchen, Grünader-Weißling und Distelfalter sowie einige tagaktive Nachtfalter, zum Beispiel der hummelartige Skabiosenschwärmer, der auch als Raupe daran frisst. Drei Blütenspannerarten leben als Larve an der Staude.

MEIN TIPP: Die Knautien-Sandbiene sammelt auch an der Wald-Witwenblume, der Mazedonischen Witwenblume und der Tauben-Skabiose. Die Wald-Witwenblume ist daher in schattigen Gärten ein guter Ersatz. An feuchten Stellen ist der Teufelsabbiss zu empfehlen.

STECKBRIEF

- Höhe 30–80 cm, Breite 40–50 cm
- rosa Blüten von Mai bis September
- für Sonne oder Halbschatten
- anspruchslos, mag einen durchlässigen, humosen, trockenen oder frischen Boden
- heimische Staude

ROTFRÜCHTIGE ZAUNRÜBE

Bryonia dioica

Um sie rankt sich genauso viel Gärtnerlatein, wie sie sich selbst um Zäune und Rankgerüste. Zum Beispiel musste die zweihäusige Pflanze als Alraune herhalten und Gerüchten zufolge soll man die dicke Rübe nach einigen Jahren nur noch mit der Schubkarre abtransportieren können. Aber wer will das schon, wenn sie so seltene Gäste anlockt wie die Zaunrüben-Sandbiene (im Bild), die nur an Zaunrüben Pollen sammelt. An den Blättern leben der Zaunrüben-Marienkäfer und die Raupen des Zaunrübenwicklers. Kornmotte und Zaunrüben-Bohrfliege befallen die Früchte, meistens ist es aber die Sumpfmeise, die sie erntet. Außerdem finden sich auch Hummeln, Zweifarbige, Gewöhnliche und die Rotbeinige Körbchen-Sandbiene ein, dazu Schmalbienen wie *Lasioglossum sexstrigatum*. Die Staude hält sich mit telefonschnurartigen Ranken an anderen Pflanzen oder Spalieren fest. Dieser rankende Kabelsalat zieht im Spätsommer ein.

MEIN TIPP: Wildbienen wollen männliche und weibliche Pflanzen. Da man Sämlingen, die durch Vögel in den Garten gelangen, ihr Geschlecht nicht ansieht, muss man ein bisschen probieren, bis man ein Pärchen beisammenhat, das zum Beispiel die zwei Seiten eines Rosenbogens ausfüllen kann. Zum Glück blühen die Pflanzen schon in frühester Jugend und man kann selektieren.

STECKBRIEF

- Höhe 2–4 m, Breite 1–2 m
- weißliche Blüten von Juni bis September
- rote, giftige Beeren
- für Sonne bis Halbschatten
- mag einen lehmigen, frischen, nährstoffreichen Boden
- heimische, rankende Staude
- Pfahlwurzler mit Rübenwurzel

54 | 19 | 14 | 6 | 21 | 6

AUFRECHTER ZIEST

Stachys recta

Für die große Show der Garten-Wollbiene ist der Aufrechte Ziest in jedem Fall eine ebenso gute Bühne wie Woll-Ziest, er hält sich nur optisch mehr zurück und ist von seiner Statur her zarter. Er verträgt steinige und sandige Plätze mit viel Trockenheit. Die Schillerwanze gibt der Pflanze etwas Glanz. Hummeln besuchen die hellen Blüten häufig, wenn Herr Wollbiene sie lässt, außerdem Holzbienen, Wald- und Vierfleck-Pelzbiene, Stahlblaue Mauerbiene sowie Rote und Goldene Schneckenhaus-Mauerbiene und sogar die seltenen Schlürfbienen. Zart wie der Ziest ist auch der Ziest-Glasflügler, der als Raupe an seiner Wurzel frisst. Rare Gäste sind der Loreley-Dickkopffalter und der Rote Scheckenfalter. Die Raupen des Ziest-Geistchens sollen an *Stachys recta* leben, in der Schweiz auch das nah verwandte Geistchen *Alucita zonodactyla*. Die Sackträgermotte *Coleophora lineolea* hängt mit ihrem auffälligen Raupensack an den Blättern und ist einer der häufigsten Fresssäcke an der Pflanze. Bläulinge und der Zitronenfalter besuchen die Blüten.

MEIN TIPP: Gute Partner für den Ziest, wie die Natur sie schuf, sind Sand-Thymian, Zottel-Wicke, Feld-Beifuß, Kugelköpfiger Lauch, Steppen- und Zypressen-Wolfsmilch, Sand-Strohblume und Hasen-Klee.

STECKBRIEF

- Höhe 40–60 cm, Breite 20–40 cm
- weißliche bis hellgelbe Lippenblüten mit roten Abzeichen von Juni bis Oktober
- für Sonne bis Halbschatten
- mag einen trockenen, steinigen, mageren bis nährstoffreichen Boden
- Tiefwurzler
- samt sich selbst aus

72 12 24 2 11 20

WALD-ZIEST

Stachys sylvatica

Er macht es uns leicht: Rasch erobert er mit Ausläufern schattige bis sonnige Orte und sät sich aus. Zur Not klappt das Jäten aber wie am Schnürchen, denn fix dran gezogen hat man gleich zig Zentimeter Wurzel in der Hand. Da er Schatten verträgt, lockt er seine besten Kunden, Wald-Pelzbiene und Garten-Wollbiene, in absonnige Bereiche und schafft so noch mehr Futterplätze, auch für Hummeln und Holzbienen. Nach der Blüte schmücken Schillerwanzen die Samenstände, an warmen Orten der verwandte Schwielige Dickwanst. Auch die Zipfelwangenwanze liebt den Ziest sowie mehrere schicke Blattzikaden. Das Ziest-Geistchen und drei Federmottenarten spuken herum, außerdem fressen die Raupen von Pantherspanner, Ziest-Kleinspanner, Messingeule und Flohkrauteule am Laub, selten auch die Larven vom Heilziest-Dickkopffalter. Mehrere Rüsselkäferarten treten an der Pflanze auf und der Ziest-Flohkäfer, der immer auf dem Sprung ist.

MEIN TIPP: Der Wald-Ziest wächst im Topf und Balkonkasten, wo er sich vom Garten aus auch oft freiwillig hinbegibt oder über Kompost verteilt wird. So kann man auch auf schattigeren Balkonen die Artenvielfalt fördern und gleichzeitig die essbaren Blätter ernten. Wurzeldruck hält der Ziest aus, welkt aber bei Dürre unter großen Bäumen ohne zusätzliche Bewässerung.

STECKBRIEF

- Höhe 30–100 cm, Bodendecker
- violette Blüten von Juni bis September
- für Sonne bis Schatten
- mag einen feuchten bis frischen, humosen, nährstoffreichen Boden
- heimische, essbare Staude
- Flachwurzler

KÜCHEN-ZWIEBEL

Allium cepa

Möchte man die Lauch-Maskenbiene zu Gesicht bekommen, hat man mit einer blühenden Zwiebel eine reelle Chance, auch wenn sie keine knalligen Blüten hat wie Zierlauch, sondern ganz in Weiß im Beet steht. Die Blüte ist so groß, dass hier einige Bienen im Rundlauf zu beobachten sind. Mit dabei sind die Männchen der Gewöhnlichen Schmalbiene, außerdem die winzigen Weibchen von *Lasioglossum punctatissimum*, die Pollen sammeln. Schmetterlinge sind hier oben auf, an Raupen können unter anderem die Markeule, die Graue Moderholzeule und die Lauchmotte auftreten – wie gut, dass wir die Pflanze zum Blühen bringen und nicht essen möchten. In Gefangenschaft wurde Zwiebellaub angeblich auch schon so erfolgreich wie verblüffend an Raupen des Großen Kohlweißlings verfüttert, im Garten sollte man eher nicht davon ausgehen und ihm lieber Kohl oder Kapuzinerkresse pflanzen.

MEIN TIPP: Ähnlich gut ist Porree (*Allium porrum*). Er wird von der Lauch-Maskenbiene, der Gewöhnlichen und der Steirischen Maskenbiene als Pollenquelle genutzt sowie von der Dunkelgrünen Gold-Schmalbiene (*Lasioglossum morio*) und der Grünglanz-Schmalbiene (*L. nitidulum*). Auf dem Markt gekaufte Stangen kann man im Frühjahr einfach in den Garten oder Topf pflanzen. Die Blüten setzen leicht Samen für das nächste Jahr an, auch bei der Küchen-Zwiebel. Wer es farbiger mag, nimmt den ausdauernden Kugelköpfigen Lauch (*Allium sphaerocephalon*).

STECKBRIEF

- Höhe 20–120 cm, Breite 10–15 cm
- weiße Blüten von Juni bis August
- für Sonne bis Halbschatten
- mag einen nährstoffreichen Boden
- lässt sich auch im Kübel halten

» C-Falter am Efeu.

STRÄUCHER – VON BERBERITZE BIS WEIẞDORN

Volle Hütte: Gehölze können noch mehr Insekten ernähren als Stauden, denn hier kommen auch (Tot-)Holz- und Rindenbewohner auf ihre Kosten, vor allem Käfer.

Biodiversitätsindex (mehr dazu auf Seite 11)	Anzahl der Wildbienenarten an der Pflanze	Anzahl der Raupenarten	Anzahl der Schmetterlingsarten	Anzahl der Käferarten	Anzahl der Wanzenarten

31 10 17 3 4 2

GEWÖHNLICHE BERBERITZE, SAUERDORN

Berberis vulgaris

STECKBRIEF

- Höhe 2–3 m, Breite 1–2 m
- gelbe, duftende Blüten von April bis Juni
- für Sonne oder Halbschatten
- liebt magere, frische bis trockene, kalkhaltige Böden
- dornige Zweige
- rote, essbare Früchte
- heimisch

Wer eine echte Intelligenzbestie im Garten haben möchte, ist bei der Berberitze richtig, denn sie kann bis zwei zählen: Forschungen zeigten, dass sie die Entwicklung eines Samens stoppen kann, wenn er von der Sauerdorn-Bohrfliege (*Rhagoletis meigenii*) befallen wurde. Diese Entscheidung trifft die Berberitze nur bei Beeren, die zwei Samen enthalten, denn so stirbt die Larve und der zweite reift unbeschadet. Enthält die Frucht aber nur einen Samen, lässt die Pflanze die Larve in Ruhe, da kein zweiter zu retten ist. Die verwandte Mahonie aus Nordamerika beherrscht diese Kunst hierzulande nicht, ist also ein wehrloses Opfer. Die Berberitze ernährt aber nicht nur Bohrfliegen, sondern ihre Blüten sind bei Hornissen (im Bild), Rosenkäfern und Hummeln erste Wahl, außerdem bei der Rotpelzigen und Zweifarbigen Sandbiene sowie *Andrena fulvata* und *A. varians*. Raupen von Berberitzeneule, Berberitzen-Blütenspanner, Kleinem Berberitzenspanner, Berberitzen-Blattspanner, Johannisbeer-Glasflügler und viele andere fressen an der Pflanze.

MEIN TIPP: Die Früchte sind im Gegensatz zu denen vieler exotischer Berberitzenarten essbar und lassen sich zu Marmelade verarbeiten. Oder Sie überlassen sie einfach den Vögeln.

Sorten:

- 'Alba': weiße Früchte
- 'Asperma': Früchte ohne Samen
- 'Atropurpurea': rötliches Laub

243 | 10 | 106 | 6 | 42 | 35

BESENGINSTER

Cytisus scoparius

Er ist kein Freund fürs Leben, denn als Rohboden-Pionier möchte er immer der erste an neuen sonnigen Standorten sein und macht sich vom Acker, wenn die Beschattung zu groß wird – er wird auch im Garten nie alt. Seine Samen hat er dann aber weit von sich geschleudert und sich selbst ausgesät, wenn Ginster-Samenkäfer sie nicht fressen. Mithilfe von Knöllchenbakterien reichert er den Boden mit Stickstoff an und bereitet ihn für anspruchsvollere Gehölze vor. Bei Raupen steht er ganz oben auf der Hitliste, Spanner und Eulen sind in der Mehrheit, darunter Ginster-Grünspanner und Ginster-Streckfuß. Auch Bläulinge legen Eier an der Pflanze ab, am häufigsten der Garten-Bläuling und der Grüne Zipfelfalter. Unter den Wildbienen tauchen die Sandbiene *Andrena wilkella* an den Blüten auf, außerdem Hummeln, Holzbienen, Spalten- und Weißfleckige Wollbiene, Kleine Harzbiene, viele Blattschneiderbienen und die Vierfleck-Pelzbiene. Wollschweber (im Bild) können den Nektar mit ihrem langen Rüssel gut erreichen.

MEIN TIPP: Kleiner bleiben Färberginster, Kopfginster sowie die Geißklee-Arten, die nicht alle in Gelb blühen. Der Purpur-Zwergginster, auch Roter Geißklee genannt, blüht in Rosa. Sie alle sind beliebt bei Wildbienen. Diese kleinen Schmetterlingsblütler können auch im Balkonkasten gehalten werden, der Besenginster möchte einen großen Kübel, dann wird er auch balkontauglich.

STECKBRIEF

- Höhe 50–200 cm, Breite 60–100 cm
- gelbe Blüten von Mai bis Juni
- für Sonne oder Halbschatten
- liebt magere, trockene, humose Böden
- heimisch
- giftig
- Tiefwurzler

34 14 19 6 1 2

GEWÖHNLICHER BLASENSTRAUCH

Colutea arborescens

STECKBRIEF

- Höhe 1–3 m, Breite 1–3 m
- gelbe oder orangefarbene Blüten von Mai bis September
- dekorative Hülsenfrüchte
- mag Sonne oder Halbschatten
- für einen trockenen, kalkhaltigen, mageren Boden
- sommergrüner, heimischer Strauch
- giftig
- Tiefwurzler

Wenn der Faulbaum der Zitronenfalterstrauch ist, dann ist der Blasenstrauch der Bläulingsstrauch. In der Schweiz ist der seltene Blasenstrauch-Bläuling auf ihn angewiesen, weiter nördlich fressen die Raupen vom Garten-, Zwerg-, Südlichen Kurzgeschwänzten und Großen Wander-Bläuling an der Pflanze. Der Wander-Bläuling hat es gern gemütlich und lebt geschützt in den durchscheinenden Blasenfrüchten, die dem Strauch ihren Namen gaben. Dort kann er durch seine Kotansammlungen, die am Boden der Blase liegen, im Gegenlicht leicht überführt werden. Die Raupen werden dank ihrer Duftdrüsen von Ameisen hofiert. Der Zitronenfalter besucht die Blüten genauso gern wie der Große Kohlweißling und der Wander-Gelbling, unter den Wildbienen sind es Holzbienen, Hummeln, Langhornbienen, Spalten-Wollbiene und vor allem Blattschneiderbienen (im Bild). Der Echte Widderbock frisst in toten Ästen. Der Blasenstrauch ist auch für den Gärtner ein großes Vergnügen, da er mit Trockenheit zurechtkommt und monatelang blüht. Die gelben Blüten sind dabei eine ebenso große Show wie die lampionähnlichen Blasen.

MEIN TIPP: Der Strauch kann leicht aus Samen herangezogen werden. Sie keimen schneller, wenn man sie leicht mit dem Messer anritzt und über Nacht in Wasser quellen lässt. Die Wurzel muss anfangs mit einem Drahtkorb vor Wühlmäusen geschützt werden.

100 | 1 | 20 | 4 | 15 | 4

GEMEINER EFEU

Hedera helix

Giftpflanze, Heilpflanze, Friedhofspflanze – dem Efeu wird viel nachgesagt, aber als Insektenpflanze wird er selten gelobt, schattenliebend wie er ist. Dabei brummen seine Blüten, wenn sie in die Sonne ranken, nur so vor lauter Besuch. Admiral, Tagpfauenauge, C-Falter, Großer Kohlweißling, Hornissen, Wespen, Honigbienen, Lederwanzen, Rosenkäfer und sämtliche Schwebfliegen der Saison besuchen ihn. Die Efeu-Seidenbiene als Spätschicht des Wildbienenjahres sammelt sogar nur hier Pollen. Sie breitet sich immer weiter nach Norden aus und braucht sandigen Boden zum Nisten. Der Garten-Bläuling legt Eier an die Blütenknospen. Die Beeren locken Amseln, Singdrosseln und Mönchsgrasmücken. Fassadengrün aus Efeu lädt außerdem zum Brüten ein.

MEIN TIPP: Nichts geht über ein komplett mit Efeu bewachsenes Haus – außer eine intakte Fassade. Wer Angst vor Schäden am Mauerwerk durch die Haftwurzeln hat, greift einfach zum Strauchefeu. Er klettert nicht, blüht aber üppig. Aus den Blütentrieben kann man sogar selbst Strauchefeu ziehen, wenn man sie im Frühjahr als Stecklinge in Erde setzt.

Sorten:
- 'Arborescens': Strauchefeu
- 'Erecta': Zwergform, kleiner als 1 m hoch

STECKBRIEF

- klettert mit der Zeit über 20 m hoch
- grüngelbliche, kugelige Blütenstände von September bis November
- schwarze, giftige Beeren, im Winter reifend
- toleriert Sonne, Halbschatten oder Schatten
- für einen humosen Boden, trockenheitsverträglich
- immergrün
- klettert mit Haftwurzeln

119 | 4 | 50 | 2 | 18 | 7

GEWÖHNLICHER FAULBAUM

Frangula alnus, Rhamnus frangula

Er ist der Joker, denn er toleriert fast alles, blüht lang und fabriziert Beeren, die schmücken, bis sie in Vogelmägen landen. Gar nicht faul blüht und fruchtet er gleichzeitig – und das über Monate – so findet sich immer ein interessiertes Insekt. Wenn man Totholz belässt umso mehr. Schwebfliegen sind wild auf die Blüten, Käfer wie der Variable Widderbock leben im Holz und unzählige Raupen fressen an den Blättern. Meist ist es der Zitronenfalter, für den der Strauch gepflanzt wird. Seine Raupen sind gut auf der Blattoberseite zu sehen, da sie oft auf der Mittelrippe sitzen. Andere Larven finden sich schwieriger. Es ist also nicht verwerflich, den Faulbaum zur Förderung des beliebtesten aller Weißlinge zu wählen – andere Kostgänger werden folgen.

MEIN TIPP: Es gibt kleinbleibende Sorten mit filigranem Laub, wie 'Fine Line'. Durch den gleichen Duft werden auch diese Pflanzen von Schmetterlingen zur Eiablage genutzt. Fraglich ist, ob Zitronenfalterraupen sich hier schlechter oder besser tarnen können. In jedem Fall werden sie öfter umherlaufen müssen, da die schmalen Blätter wenig Futter bieten.

Sorten:

- 'Columnaris': säulenförmig, nur 80–100 cm breit
- 'Minarette'/'Minaret': schmal aufrecht, 1,50–3 m hoch und 50–80 cm breit

STECKBRIEF

- Höhe 3–5 m, Breite 2–4 m
- unscheinbare Blüten von Mai bis in den Herbst
- rote Beeren ab Juli, die sich später schwarz verfärben, giftig
- für Sonne bis Schatten
- mag einen nicht zu trockenen Boden, toleriert auch saure, feuchte oder verdichtete Böden
- gelbe Herbstfärbung
- heimisch

59 4 34 9 1 1

WALD-GEIẞBLATT, DEUTSCHES GEIẞBLATT

Lonicera periclymenum

Dieses schlingende Geißblatt möchte hoch hinaus und braucht eine stabile Kletterhilfe, wirft sich aber auch ungestüm über Benjeshecken und Totholzhaufen oder belästigt Nachbargehölze. Als Partytrick duftet es abends betörend aus exotisch wirkenden Blüten, was Nachtfalter anlockt. Da man für die Blüten einen langen Rüssel braucht, sind vor allem Schwärmer eingeladen, tagsüber das Taubenschwänzchen, später Ligusterschwärmer und andere Freunde der Nacht. Die langrüsselige Gartenhummel und die Holzbiene (im Bild) kommen ebenfalls in den Genuss von Nektar, Schwebfliegen und Töpferwespen begnügen sich damit, Pollen aufzutupfen. Das Geißblatt ist Raupenfutterpflanze vom Kleinen Eisvogel und Hummelschwärmer, Jota- und Silberblatt-Goldeule. Kleinere Kaliber sind das Geißblattgeistchen, dessen Larven in den Blüten fressen, oder die ebenfalls winzige *Ypsolopha nemorella* und wahrscheinlich auch *Y. dentella*. Die roten Beeren sind bei Sumpfmeisen, Rotkehlchen und Mönchsgrasmücken begehrt.

MEIN TIPP: Dieses Geißblatt lässt sich im Frühjahr sehr einfach aus Stecklingen vermehren. Der beste Schnittzeitpunkt ist sowieso der Frühling, da man dann keine Blütenknospen entfernt. Die Kletterpflanze kann bei Bedarf stark zurückgeschnitten werden.

STECKBRIEF

- Höhe 3–6 m, Breite 1–3 m
- gelb-rötliche Blüten von Juni bis in den Herbst
- rote Beeren ab August, giftig
- für Halbschatten bis lichten Schatten
- mag einen humosen, frischen Boden
- heimische Kletterpflanze
- Herzwurzler

342 | 1 | 124 | 0 | 96 | 35

GEWÖHNLICHE HASEL

Corylus avellana

STECKBRIEF

- Höhe 4–7 m, Breite 5–7 m
- gelbe Kätzchen von März bis April
- Nussfrüchte, ab August reif
- für Sonne oder Halbschatten
- mag einen humosen, frischen, nährstoffreichen Boden
- heimisch
- Flachwurzler

Man kann die Hasel für die Hörnchen pflanzen oder für andere Pelztiere wie den Eichenspinner, das Kleine Nachtpfauenauge, die Kleine Kätzcheneule oder sogar den Pudel, wie die Woll-Rindeneule auch zärtlich genannt wird. Sie alle fressen als Raupe an der Pflanze, außerdem der prächtige Lindenschwärmer. Die vielfältige Fauna der Spanner ist zwar nicht so kuschlig, aber ihre Larven spielen gekonnt Tarnen und Täuschen, indem sie einen Ast mimen, Knospen inklusive, wie der Dreistreifige Mondfleck- oder der Birkenspanner. Die Interessenten im Reich der Käfer sind nicht weniger kreativ. Der Haselnussbohrer mit seinem superlangen Rüssel lebt als Larve in der Frucht, der ulkige Haselblattroller fertigt sich aus einem Blatt einen ausgeklügelten Wickel für den Nachwuchs. Auch Baumwanzen mögen Haseln, darunter Rotbeinige Baumwanze, Grüne Stinkwanze oder Beerenwanze. Gleich zwei Arten der froschähnlichen Käferzikaden leben an der Pflanze.

MEIN TIPP: Die Hasel kann zwar auf den Stock gesetzt werden, wenn sie zu groß wird, doch freiwachsend wird sie im Alter ein herrlich knorriger Kleinbaum. Bei Platzmangel schneidet man einfach nur jeden zweiten Ast heraus und lässt Totholz für die Bockkäfer stehen.

Sorten:

- 'Medusa': 1–2 m hoch, gedrehte Zweige, für Kübel geeignet
- 'Rasteder Säule': nur 3–4 m breit

71 19 31 3 8 10

DORNIGE HAUHECHEL

Ononis spinosa

Die mädchenhaft rosafarbenen Schmetterlingsblüten täuschen elegant darüber hinweg, dass der kleine Strauch sich unter seinem hübschen Blütenkleid mit Dornen bewaffnet hat – wie gut, dass man ihn nicht unbedingt schneiden muss! Die besten Kunden der Blüten sind Platterbsen-Mörtelbiene, Garten-Wollbiene (im Bild), Große Harzbiene, Goldene Schneckenhaus-Mauerbiene, Weißgefleckte Wollbiene und mehrere Pelzbienenarten, außerdem Hummeln. Die Hauhechel-Stelzenwanze stolziert an der Pflanze herum und die Gemeine Zierwanze sitzt ungemein zierend auf den Blüten. Die ganz winzige Weichwanze *Macrotylus paykullii* tut es ihr gleich, ist auf den Blättern aber gut getarnt. Besonders attraktiv ist die Hauhechel für die Raupen des Gemeinen Bläulings, außerdem können Hauhechel-Glasflügler, der wie ein Zebra aussehende Hauhechel-Blatttütenfalter, der Hauhechelspanner, der Pantherspanner und die Hauhechel-Federmotte die Pflanze anfressen.

MEIN TIPP: Die Dornige Hauhechel kann im Kies- und Magerbeet oder in der Blumenwiese wachsen, genauso wie auf einer doppelhäuptigen Trockenmauer. Sie passt zu Wegwarte, Kugelköpfigem Lauch, Kartäuser-Nelke, Fenchel und Taubenkropf-Leimkraut. Empfehlenswert ist auch die für die Dachbegrünung geeignete Kriechende Hauhechel (*O. repens*), die niedriger bleibt und nährstoffreiche Böden verträgt.

STECKBRIEF

- Höhe 20–50 cm, Breite 40–50 cm
- rosa Blüten von Juni bis August
- für Sonne oder Halbschatten
- mag einen humosen, trockenen, mageren Boden
- heimisch
- Pfahlwurzler
- keine Gefahr durch Nacktschnecken

WINZIG UND WUNDERBAR: KURIOSE KLEINSCHMETTERLINGE

Sie sind nicht bunt und auffällig wie Tagfalter oder elegant und rasant wie die Schwärmer, aber unter den Minifaltern finden sich wahre Schätze mit interessantem Lebenswandel.

Im Mai und Juni fliegt De Geers Langhornfalter (*Nemophora degeerella*) mit elendlangen Fühlern. Morgens führen sie ihren Balztanz auf. Die Eiablage erfolgt zwar an Pflanzen, aber die Raupen steigen bald in die Laubstreu ab, wo sie sich einen Köcher aus Laubstücken bauen (Seite 66), der einer feinen Intarsienarbeit ähnelt. Sie ernähren sich von Detritus, also verrottender Substanz, und brauchen eine Laubschicht. Die Rotsilberne Langhornmotte (*Cauchas rufimitrella*) legt Eier an Knoblauchsrauke ab.

Kreative Geister und Vogelscheuchen

Zarte Zwerge sind auch die Federgeistchen. Die Weiße Winden-Federmotte (*Pterophorus pentadactyla*) braucht Toleranz, denn die Raupen fressen an der wuchernden Zaun- und Ackerwinde. Leichter macht es uns die gertenschlanke Rainfarn-Federmotte (*Gillmeria ochrodactyla*, Seite 70). Sie legt ihre Eier an Rainfarnblüten ab. Wie ein Fächer vom Flohmarkt muten die Flügel des

» Das wunderschöne Waldreben-Fensterfleckchen, hier an Färberwaid, frisst als Raupe an *Clematis vitalba*.

» Die Geißblattmotte (*Ypsolopha dentella*) mit Rallyestreifen und eleganter Flügelform braucht Geißblatt oder Schneebeere für ihre Raupen.

Geißblattgeistchens (*Alucita hexadactyla*) an. Die Raupen leben in den Blüten vom Wald-Geißblatt.

Zünsler-Zwerge und Mini-Spanner

Die rot-grün gestreiften Raupen des Hohlzahn-Kapselspanners (*Perizoma alchemillata*) leben bevorzugt in den Samenständen von Hohlzahn-Arten. Dummerweise gehören die Samen zur Leibspeise der Sumpfmeise, die aber nicht böse ist, wenn sie stattdessen eine saftige Raupe erwischt. Goldig sind Gold- und Purpurroter Zünsler (*Pyrausta aurata* und *P. purpuralis*). Ihre Raupen lieben Dost, Minze und andere Kräuter. Der bunte Brennnesselzünsler (*Anania hortulata*) frisst neben Brennnesseln auch Hohlzahn, Herzgespann oder Hohes Helmkraut.

» Der winzige Goldzünsler an einer Thymian-Blüte: Erst Nektarnaschen, dann Eiablage, denn Thymian gehört zu den Raupenfutterpflanzen – sehr praktisch.

104 | 5 | 64 | 8 | 3 | 4

ROTE HECKENKIRSCHE

Lonicera xylosteum

STECKBRIEF

- Höhe 2–3 m, Breite 2–3 m
- weiße Blüten von Mai bis Juni
- rote, giftige Beeren
- für Sonne bis Schatten
- mag einen nährstoff- und kalkreichen, frischen, humosen Boden
- heimisch
- Flachwurzler

Als bescheidener Strauch spielt sie sich nicht mit riesigen Blüten in den Vordergrund, glänzt aber im Herbst mit roten Beeren und lockt damit Vögel an. Raupen interessieren sich eher für die inneren Werte der Roten Heckenkirsche, und die Liste der geladenen Gäste ist lang: An luftfeuchten Orten frisst die skurrile Raupe des Kleinen Eisvogels an diesem Geißblatt, dazu Schönbär, Geißblatteule, Geißblatt-Buntspanner, Nachtschwalbenschwanz, Hummel- und Skabiosenschwärmer. Im Garten wird man ein paar Winzlinge beköstigen, wie drei *Ypsolopha*-Arten oder das Geißblattgeistchen. Der elegante Heckenkirschen-Glasflügler ist geheimnisumwittert und wird meist übersehen. Seine Raupen leben drei Jahre lang in den Zweigen und freuen sich daher, wenn die Schere wenig zum Einsatz kommt. Prächtig ist der Heckenkirschenprachtkäfer, der sich über kränkelnde Äste hermacht. Die Blüten sind für Hummeln (im Bild eine Erdhummel) gemacht, aber auch die Rote Mauerbiene und *Andrena nitida* lassen sich vom Geißblatt betören. Da der Strauch bei Blattläusen beliebt ist, zieht er Schwebfliegen und andere Räuber an. Die Wollige Geißblattlaus zieht den Ästen einen weißen Schal aus Wachsausscheidungen an.

MEIN TIPP: Die Pflanze lässt sich leicht aus Stecklingen vermehren.

Sorten:

- 'Compactum': nur bis 1,20 m hoch
- 'Clavey's Dwarf': Zwerg von 1 m Höhe

HEIDEKRAUT, BESENHEIDE

Calluna vulgaris

Man muss ja nicht gleich einen ganzen Heidegarten anlegen samt Wacholder und allem Pipapo. Wo der kleine Halbstrauch nicht von anderen Pflanzen bedrängt wird, kann er auch im Beetvordergrund in voller Sonne stehen oder ein Sandarium einrahmen, denn Sandboden und sogar Salz verträgt er gut. Zusammen mit Grasnelken und Sand-Thymian entsteht eine pflegeleichte, trockenheitsverträgliche Kombi. Die Zahl an Raupen, die sich an dem zwergigen Gehölz finden lassen, ist schwindelerregend hoch. Oftmals legt der Garten-Bläuling (*Celastrina argiolus*, im Bild) Eier an die Knospen, außerdem unzählige Eulenfalter, Spanner und Spinner. Falter wie Bläulinge, Feuerfalter, Karden-Sonneneule oder Komma-Dickkopffalter nutzen die Blüten als Nektarquelle. Unter den Wildbienen sind es Heidekraut-Seiden- und Heidekraut-Sandbiene, die Dünen-Pelzbiene, einige Sand- und Furchenbienen. Heidekraut ist also voller Leben und weit entfernt von einem Friedhofsgewächs.

MEIN TIPP: Im Handel sind Heiden oft zu finden, manchmal mit bunter Farbe malträtiert, noch häufiger unter dem Namen Knospenheide, das heißt, dass sich die Knospen gemeinerweise nicht öffnen, was sie zwar sehr haltbar macht, aber auch völlig uninteressant für Blütenbesucher. Die echte Wildform ist für Insekten am besten.

STECKBRIEF

- Höhe 15–25 cm, Breite 30–50 cm
- rosafarbene Blüten im Juli und noch einmal im Herbst
- für Sonne oder Halbschatten
- mag einen durchlässigen, mageren, gern sauren und sandigen Boden
- immergrüner Halbstrauch
- heimisch

207 17 163 2 5 6

HEIDELBEERE

Vaccinium myrtillus

STECKBRIEF

- Höhe 15–50 cm, bildet Ausläufer
- grüne Blüten von April bis Juli
- blaue Beeren im Hochsommer, essbar
- für Sonne oder Halbschatten
- liebt einen nährstoffarmen, frischen, humosen Boden, gern sandig und sauer
- heimischer Zwergstrauch
- schöne Herbstfärbung

Meist wird die Amerikanische Heidelbeere gepflanzt, doch sie hat nur einen Biodiversitätsindex von 8, während die heimische der absolute Überflieger ist, und das bei ihrer geringen Größe! Wer außerdem Wert auf blaugefärbte Finger beim Pflücken legt, kommt um unsere Blaubeere nicht herum. Hummeln und Heidelbeer-Sandbienen besuchen die Blüten, ebenso einige weitere Sand-, Schmal- und Mauerbienenarten. Auch der Garten-Bläuling (im Bild) saugt Nektar. Vor allem Raupen profitieren von der Pflanze, vom Heidelbeer-Blattspanner über den Bläulichen Heidelbeer-Blattspanner bis hin zur Heidelbeer-Zünslereule – die Anzahl ist schwindelerregend. Leider ist der Strauch aber auch anspruchsvoll in der Kultur und braucht den richtigen Boden – wenn Sie seine natürliche Umgebung abbilden können, versuchen Sie es ruhig mit dem kleinen König der Biodiversität.

MEIN TIPP: Süßes ohne Saures? Bei der Heidelbeere schwierig: Ein Mulch aus Nadeln oder gehäckselten Nadelholzzweigen hilft, für saure Bodenverhältnisse zu sorgen – vielleicht haben Sie sowieso ein Nadelgehölz als Spender im Garten? Beim Pflanzen gibt man am besten ein Präparat mit Mykorrhizapilzen speziell für Heidekrautgewächse mit ins Pflanzloch.

195 16 113 5 24 17

HIMBEERE

Rubus idaeus

Sie ist nicht nur für uns eine leckere Nutzpflanze, auch bei Raupen geht die Liebe durch den Magen. Noch dazu ist sie nicht so stachlig wie die Brombeere, bildet keine Fußangeln aus und überwuchert andere Pflanzen nicht so aggressiv wie die kratzbürstige Verwandte. Himbeeren wachsen lieber aufrecht und schmeißen sich nicht an alles und jeden heran. Unter anderem leben die Raupen von Rosen-Eulenspinner, Brombeer-Blattspanner, Grünem Zipfelfalter, Kleinem Würfel-Dickkopffalter, Satellit-Wintereule und natürlich die der winzigen Himbeermotte an der Pflanze. Etwas ganz Besonderes sind die Larven mehrerer Perlmuttfalterarten, die an Himbeeren fressen, wie Brombeer-, Magerrasen- und Mädesüß-Perlmuttfalter. Die Käferzunft ist mit einigen Rüsselkäfern wie dem Hübschen Glanzrüssler vertreten. Der Himbeerkäfer und die Beerenwanze konkurrieren mit uns um die Früchte, schlimmer ist aber die eingeschleppte Kirschessigfliege. Die Heidelbeerwanze legt Eier ans Laub und passt gut auf sie und die schlüpfenden Larven auf. Hummeln besuchen die unscheinbaren Blüten gern, außerdem die Rostrote Mauerbiene, viele Sandbienen und die Schilfgallen-Maskenbiene.

MEIN TIPP: Himbeeren profitieren von einer Mulchschicht, die die Feuchtigkeit im Boden hält. Rasenschnitt ist besonders gut geeignet, aber auch Laub und Kompost. Die Vermehrung erfolgt durch Ausläufer.

STECKBRIEF

- Höhe 60–150 cm, bildet Ausläufer
- weiße Blüten von Mai bis Juli
- rote Beeren im Sommer, essbar
- für Sonne bis Schatten
- liebt einen feuchten bis frischen, humosen, leicht sauren Boden
- heimischer Strauch
- für Kübel geeignet

44 | 12 | 16 | 1 | 2 | 2

ALPEN-JOHANNISBEERE

Ribes alpinum

Nicht alle Gärten sind sonnig und warm. Die Alpen-Johannisbeere aber ist anpassungsfähig und bringt auch Insekten im Schatten über die Runden, daher soll der kleine, genügsame Strauch hier nicht fehlen. Erst kürzlich wurde nachgewiesen, dass die Raupen vom Mondvogel an ihm fressen, was der erste Nachweis eines Zahnspinners war, der seine Zähne in diese Pflanzenfamilie gesteckt hat. Auch die Raupen vom Dunkelbraunen Haarbüschelspanner, die braun gefärbt sind und raffinierterweise einen Ast imitieren, fressen hier sowie Stachelbeerspanner und Dreistreifiger Mondfleckspanner, selten auch der C-Falter. Die Larven vom Johannisbeer-Glasflügler futtern lieber in den älteren Ästen. Beliebt sind die unscheinbaren Blüten bei Hummeln, vor allem der Wiesenhummel, und der Rotpelzigen Sandbiene, außerdem bei *Andrena fulvata*, *A. nitida* und *A. varians*. Die einfachen Blüten ziehen auch Schwebfliegen an (im Bild die Hainschwebfliege), wo sie praktischerweise gleich zu den reichlich am Strauch lebenden Blattlausarten übergehen können.

MEIN TIPP: Der Strauch lässt sich sehr leicht über Stecklinge vermehren. Er ist geeignet für Kübel, was noch besser mit der Zwergform 'Nana' gelingt. Die Pflanze ist zweihäusig, es ist also gut, gleich beide Geschlechter zu pflanzen, zum Beispiel als Hecke.

STECKBRIEF

- Höhe 80–120 cm, Breite 100–200 cm
- gelbliche Blüten von April bis Mai
- rote Beeren im Sommer, essbar
- für Halbschatten bis Schatten
- mag einen durchlässigen, frischen bis trockenen, nährstoffreichen Boden
- heimischer Strauch
- Flachwurzler

GEWÖHNLICHER LIGUSTER

Ligustrum vulgare

Man pflanzt ihn nicht wegen der Wildbienen, obwohl er eine kleine, aber feine Kundschaft ernährt, wie die Asiatische Mörtelbiene, die Vierbindige Furchenbiene, *Lasioglossum subfasciatum*, *Andrena barbilabris* und *A. fulvida*. Der anspruchslose Strauch, der gern als Hecke den Nebendarsteller im Garten spielen und einiges erdulden muss, ist sicher nicht so glamourös wie eine Rose, doch wenn Hauptdarsteller wie der prächtige Ligusterschwärmer oder der Totenkopfschwärmer aus ihm hervorgehen, ist das ein guter Grund, ihn auch in einer freiwachsenden Hecke einzusetzen. Häufig finden sich die Raupen der Pyramideneule oder des Eichenspinners im Geäst, die des Garten-Bläulings sind weniger auffällig. Mit dem Klimawandel könnte auch der geisterhaft durchscheinende Ölbaumzünsler auftreten. Unter den Käfern können die Spanische Fliege oder der Schmale Eschenprachtkäfer am Liguster fressen. Bock- und Rosenkäfer mögen die Blüten sowie der Pinselkäfer (im Bild).

MEIN TIPP: Liguster kann sehr einfach vermehrt werden, indem man Äste in der Vase bewurzeln lässt. Daraus lässt sich auch ein Stämmchen ziehen, das nicht ganz so streng geschnitten blühen kann und so attraktiv für Raupen und Blütenbesucher ist.

Sorten:

- 'Atrovirens': in milden Wintern immergrün
- 'Liga': kompakt, gut wintergrün
- 'Lodense': Zwergform, ideal als Buchsersatz

STECKBRIEF

- Höhe 2–5 m, Breite 2–3 m
- weiße Blüten von Juni bis Juli
- für Sonne oder Halbschatten
- mag einen humosen Boden, anspruchslos
- giftige schwarze Beeren
- trockenheitsverträglich
- Flachwurzler
- heimisch

WIE MAN SICH BETTET, SO ISST MAN: **WILDBIENEN AN GLOCKENBLUMEN**

Oft ist es gar nicht so leicht, wuselige Wildbienen zu identifizieren, da sie es stets eilig haben. Glockenblumenblüten helfen uns, denn hier schlafen die Damen und Herren sogar!

Ganz egal, ob Sie Langschläfer oder Frühaufsteher sind: Morgens und abends gibt es die Chance, die Blüten nach schlafenden Bienen abzusuchen. An heißen Sommertagen muss man schauen, bevor die Flugtemperatur der Tiere erreicht ist, oder abends im letzten Licht. So kann man ohne Mühe feststellen, welche Glockenblumenspezialisten im Garten wohnen.

Drunter und drüber: Schlafgemeinschaft

Die Glockenblumen-Scherenbiene (*Chelostoma rapunculi*) ist der häufigste Übernachtungsgast. Manchmal kuschelt sie sich zwischen die größeren Glockenblumen-Sägehornbienen (*Melitta haemorrhoidalis*), bei denen oft mehrere zusammen schlafen. Häufig übersehen wird *Chelostoma campanularum*. Sie wird nur 6 mm lang. Während *Melitta* Nester im Boden anlegt, freuen sich die Scherenbienen über Nisthilfen mit Lochdurchmessern von 2–2,5 bzw. 3,5 mm.

Noch mehr Glockenblumenfans

Seltener sind Glockenblumen-Schmalbiene (*Lasioglossum costulatum*), *Andrena pandellei* und *Chelostoma distinctum*. Die Totholz-Blattschneiderbiene ist nicht auf Glockenblumen angewiesen, besucht sie aber gern, genauso wie Hummeln und die Zweifarbige Sandbiene.

» Fast hält man sie für eine Fliege: Die Kleine Glockenblumen-Scherenbiene (*Chelostoma campanularum*) ähnelt einer zu klein geratenen *C. rapunculi*.

» Mehrere Glockenblumen-Sägehornbienen haben sich in eine Blüte der Nesselblättrigen Glockenblume gequetscht.

» Die Männchen der Glockenblumen-Scherenbiene haben einen fuchsroten Pelz, grüne Augen und ein gekrümmtes Hinterleibsende.

Geeignet sind Acker-Glockenblume (*Campanula rapunculoides*), Knäuel-Glockenblume (*C. glomerata*) sowie Duft-Becherglocke (*Adenophora confusa*). Die Rundblättrige Glockenblume (*C. rotundifolia*) und die rankenden Arten (*C. poscharskyana*, *C. portenschlagiana*) wachsen gern im Kiesgarten, in Töpfen und an Mauern. Die Nesselblättrige (*C. trachelium*) und die Wald-Glockenblume (*C. latifolia*) mögen halbschattige Plätze am Gehölzrand. Schneckengeplagte Gärtner pflanzen Pfirsichblättrige (*C. persicifolia*) und Knoblauchraukenblättrige Glockenblume (*C. alliariifolia*), die sich zwischen Steinen in voller Sonne am wohlsten fühlt.

112 1 19 4 17 2

GEWÖHNLICHES PFAFFENHÜTCHEN

Euonymus europaeus

Das Pfaffenhütchen ist kein Strauch für Wildbienen, nur *Andrena fulva* sammelt Pollen. Hummeln, unspezialisierte Sandbienen wie *Andrena nigroaenea* und einige Schmalbienen schlürfen hier Nektar, denn die unscheinbaren Blüten enthalten auch nur schmale Kost. Sie bieten den Nektar aber ganz offenherzig an, was Wespen und Schwebfliegen einlädt. Letztere suchen zusammen mit Marienkäfern und Florfliegen noch etwas anderes: Die Schwarze Bohnenblattlaus lässt sich gern mit Sack und Pack nieder, was wiederum Räuber zu dieser wenig mobilen Beute lockt. Auch bei den holzbewohnenden Käfern ist der Strauch die erste Adresse. Unter den Raupen wird natürlich in erster Linie die Pfaffenhütchen-Gespinstmotte auffällig. Sie kann schon im Frühsommer für halloweenartige Zustände sorgen, wenn sie ganze Äste oder kleine Sträucher einspinnt. Der Spuk ist aber bald vorbei und der Strauch treibt wieder aus. Vögel mögen diese Raupen nicht so sehr, jedoch die Früchte des Pfaffenhütchens umso lieber.

MEIN TIPP: Das Pfaffenhütchen wächst eher wie ein kleiner Baum, bietet also einen handlichen Solitär, den man unterpflanzen kann, was aufgrund der flachen Wurzeln aber nicht so einfach ist. In meinem Garten funktioniert es mit robusten Stauden wie Süßdolde, Immergrüner Ochsenzunge oder Taubnesseln.

STECKBRIEF

- Höhe 2,50–5 m, Breite 1,50–3,50 m
- weiße Blüten von Mai bis Juni
- rote Kapselfrüchte mit orangefarbenem, fleischigen Samenmantel
- für Sonne oder Halbschatten
- mag einen nährstoffreichen, kalkreichen, feuchten oder frischen Boden
- heimisch
- Flachwurzler

22 · 11 · 40 · 0 · 1 · 5

BEREIFTE ROSE

Rosa glauca

So blau und so brav, das geht nur mit dieser entzückenden kleinen Wildrose. Während andere Arten die Nerven mit ihrer Größe, ihren Stacheln oder einer Unmenge an Ausläufern arg strapazieren, bleibt diese Art überschaubar und zahm. Ihre blau bereiften Blätter mit den zweifarbig wirkenden Blütenblättern und den roten Hagebutten sind edel, sodass es nicht mal besondere Sorten braucht – diese Rose spricht auch als Wildfang für sich. Die offenen Blüten locken Hummeln, Pinsel- und Rosenkäfer, Schwebfliegen, Sand-, Furchen-, Schmal- und Maskenbienen an. Auch wenn es keine spezialisierten Wildbienen sind, so ist diese Rose mit ihren vielen Staubblättern doch gute Massenware. Die strubbeligen kleinen Zwergminiermotten *Stigmella anomalella* und *S. centifoliella* leben als Raupe in den Blättern, die winzige Sackträgermotte *Coleophora gryphipennella* rollt sich Schlafsäcke aus dem Laub – eine Pflanze für Exzentriker also. Sogar der allesfressende Garten-Bläuling und der Mondvogel legen manchmal Eier an der Pflanze ab.

MEIN TIPP: Die Bereifte Rose sät sich gern selbst aus, sogar in Pflasterfugen. Prokelt man die Sämlinge heraus und lässt sie im Topf wachsen, bis sie im Beet nicht mehr untergehen, hat man eine kostenlose Pflanze.

STECKBRIEF

- Höhe 2–3 m, Breite 1–3 m
- rosa Blüten von Juni bis Juli
- für Sonne oder Halbschatten
- anspruchslos, liebt magere, frische bis trockene Böden
- rote, kugelige Hagebutten
- wenig Stacheln
- keine Ausläufer
- heimisch

165 | 12 | 61 | 0 | 14 | 8

HUNDS-ROSE

Rosa canina

Die hundsgewöhnliche Hundsrose ist eine imposante Gestalt mit langen, überhängenden Zweigen, die sie gern in andere Gehölze drapiert. Sie braucht Platz und passt am besten in eine freiwachsende Blütenhecke, wo sie dornröschenartige Ausmaße einnehmen darf. Die einfachen Blüten sind bei Hummeln, Sand- und Mauerbienen beliebt, aber auch bei der Gebänderten Blattschneiderbiene. Überhaupt liefert das Laub dieser Rose Baumaterial für viele andere Blattschneiderbienen. Schwebfliegen und Rosenkäfer schauen gern bei den Blüten vorbei. Einige Spanner-, Wickler- und Eulenarten fressen am Laub, außerdem die Larven vieler Blattwespen. Belässt man tote Äste an der Pflanze, kommen auch Käfer wie der Mattschwarze Scheibenbock auf ihre Kosten. Die Braune Randwanze legt Eier am Laub ab. Ihre Nymphen, die aussehen wie kleine Steinböcke, saugen an den reifenden Hagebutten.

STECKBRIEF

- Höhe 1–3 m, Breite 1,50–2 m
- rosa Blüten von Mai bis Juni
- für Sonne oder Halbschatten
- mag einen nährstoffreichen, kalkhaltigen, frischen bis trockenen Boden
- rote Hagebutten
- Tiefwurzler, kaum Ausläufer, diese eher in sandigem Boden
- heimisch

MEIN TIPP: In meinem Garten hat sich die Hunds-Rose die Ausläufer immer verkniffen. Wer auf Nummer sicher gehen möchte, pflanzt stattdessen die Sorte 'Kiese' oder die ebenfalls heimische Wein-Rose, auch Schottische Zaunrose genannt (*Rosa rubiginosa*). Diese bezirzt mit nach Äpfeln duftendem Laub.

Sorte:

- 'Kiese': dunklere Blüten; keine Ausläufer, da veredelt

432 | 31 | 267 | 6 | 42 | 19

SCHLEHE

Prunus spinosa

Die Schlehe ist die Wildsau unter den Sträuchern und nimmt sich einiges heraus: Mit dornigen Ausläufern schickt sie sich an, den ganzen Garten zu übernehmen. Entweder man legt sich mit ihr an und entfernt die Ausläufer akribisch, oder pflanzt sie lieber dort, wo sie sich austoben darf. Die Insekten werden unsere Bemühungen danken, denn die Schlehe ist die Heldin der Artenvielfalt. Viele Sandbienen sammeln hier Pollen, am häufigsten die Zweifarbige und die Rotfransige, sowie die Rote und die Gehörnte Mauerbiene, die wir am Bienenhotel beobachten können. Der Star schlechthin ist der raumgreifende Strauch aber für Schmetterlinge. Sogar die Prominenz unter den Tagfaltern, der Segelfalter, legt hier Eier ab, dazu vier Bläulingsarten wie Nierenfleck- und Pflaumen-Zipfelfalter. Auch unter Nachtfaltern ist die Schlehe die erste Adresse. Milchweißer Bindenspanner, Pyramideneule und Großer Schlehenspanner sind nur einige Beispiele aus der kilometerlangen Gästeliste.

MEIN TIPP: Starker Schnitt begünstigt Ausläufer. Die Sorten, die ohne oder mit wenigen Ausläufern wachsen, wachsen eher wie ein Baum als wie ein Dickicht und können mit Stauden unterpflanzt werden.

Sorten:

- 'Nittel': großfrüchtig, kompakt, bis 2,50 m hoch, wenig Ausläufer
- 'Purpurea': rötliches Laub, rosa Blüten, wächst baumartig, wenig Ausläufer
- 'Reto': auf Pflaume veredelt, daher wenig Ausläufer

STECKBRIEF

- Höhe 1,50–2 m, Breite 1,50–4 m, Ausläufer
- weiße Blüten von März bis Mai
- blaue Früchte, essbar, für Vögel
- für Sonne oder Halbschatten
- mag einen nährstoffreichen, kalkhaltigen, trockenen oder frischen Boden
- heimisch
- Herzwurzler

STACHELBEERE

Ribes uva-crispa

STECKBRIEF

- Höhe 60–150 cm, Breite 50–100 cm
- kleine rötliche Blüten von April bis Mai
- essbare Früchte
- für Sonne oder Halbschatten
- mag einen nährstoffreichen, frischen, kalkhaltigen Boden
- heimisch
- Flachwurzler

Man pflanzt sie sicher nicht wegen der unspektakulären Blüten. Die kleine Kratzbürste schmeichelt sich aber mit leckeren Früchten ein, deren Marmelade man nicht kaufen kann. Die Stachelbeere ist ideal, um die Fuchsrote Sandbiene (im Bild) zu beobachten, die besonders gern Johannis- und Stachelbeerblüten besucht. Außerdem wuseln Hummeln zur Blütezeit im Strauch herum sowie die Rotfransige Sandbiene (im Bild). Der C-Falter, eigentlich ein Brennnessel-Fan, legt Eier am Laub ab, genauso wie der Garten-Bläuling, der auch die Blüten besucht. Man kann den Strauch als durch seine bestachelten Zweige etwas ruppige Rettungsinsel für den mittlerweile seltenen Stachelbeerspanner pflanzen, der sehr hübsch ist. Die Raupen des Johannisbeer-Glasflüglers fressen in lebenden Ästen, die Larven des Kleinen Ahornbocks im Totholz. Die Stachelbeerblattwespe kann lästig werden, wenn sie einen kompletten Kahlfraß veranstaltet. Dies führt aber oft zum Zusammenbruch der Population und danach ist erst mal lange Ruhe.

MEIN TIPP: Oben Fuchsrote Sandbiene, unten Frühlings-Pelzbiene: Das geht mit einem Stachelbeer-Hochstämmchen, das mit Lungenkraut unterpflanzt wird. Das Bäumchen braucht zeitlebens einen Stützpfahl.

Sorten:

- 'Invicta': wenig anfällig für Stachelbeermehltau
- 'Hinnonmäki': robust, kaum Mehltau

75 6 39 8 4 3

GEWÖHNLICHE WALDREBE

Clematis vitalba

Trotz des Titels „einzige heimische Liane" ist sie im Garten nicht gern gesehen, da sie sich selbst sät und sich auf Bäume kletternd breit macht. So viel Liane soll es doch bitte nicht sein, aber unser höchstes Hahnenfußgewächs ist schnittverträglich und an der Hauswand mit Kletterhilfe über mehrere Etagen gut aussehend, am Zaun wächst sie in die Breite. Erst blüht sie über und über in Weiß, später zieren die quirligen Samenstände. An den Blüten finden sich Schwebfliegen, Käfer, Schmetterlinge und einige Wildbienen. Die Gewöhnliche und die Pförtner-Schmalbiene sammeln Pollen, weitere Schmalbienen und Sandbienen wie *Andrena nitida* finden sich ein, dazu solitäre Wespen. Drei Arten Waldrebenspanner, der Nachtschwalbenschwanz und die Flohkrauteule fressen am Laub. Die Attraktion ist das Waldreben-Fensterfleckchen (Seite 100), ein kleiner wunderschöner Falter, dessen Raupe in ein Laubblatt eingewickelt groß wird. Er ist vor allem an warmen Orten wie dem Kaiserstuhl zu Hause und auf die größenwahnsinnige Liane angewiesen. Sogar einen Waldrebenborkenkäfer gibt es, der sie aber nicht umbringt.

MEIN TIPP: Der Rückschnitt kann bei Bedarf im März erfolgen, bis auf 30–50 cm darf man die ungestüme Liane herunterschneiden. Aus dem Schnittgut lassen sich Kränze flechten.

STECKBRIEF

- Höhe 5–10 m, Breite 3–8 m
- weiße Blüten von Juli bis Oktober
- für Sonne oder Halbschatten
- mag einen nährstoffreichen, frischen bis trockenen Boden
- heimische Kletterpflanze
- Flachwurzler

WAS WANZEN WOLLEN

Die Bettwanze hat den Ruf der Sippe ganz gründlich ruiniert. Dabei gibt es im Garten viele bunte Arten, die interessant zu beobachten sind, uns nicht ins Haus folgen und als Larven das Kindchenschema bedienen.

Alle Wanzen besitzen einen Saugrüssel wie einen Strohhalm, der meist dazu dient, Pflanzen anzuzapfen oder andere Insekten auszusaugen. Sie nehmen nur flüssige Nahrung zu sich. Auffällig und fein gemustert ist die Streifenwanze, die an den Samen von Doldenblütlern saugt. Ihre Larven sitzen oft direkt daneben, sind aber tarnfarbig bräunlich. Die flugunfähige Feuerwanze liebt dagegen die Samen von Linden und Malven, wo man sie in großen Gruppen antreffen kann. Diese Vollversammlungen werden durch Pheromone einberufen. Sie überwintert in der Laubstreu oder, wenn es mild genug ist, an Lindenstämmen.

Stinken für den guten Zweck

Die Grüne Stinkwanze (*Palomena prasina*) kann zur Abwehr stinken. Meist sitzt sie aber so geruchsneutral wie dekorativ auf Pflanzen herum. Etwas unbeliebt ist die Beerenwanze (*Dolycoris baccarum*), die Früchte wie Erdbeeren ansticht und ein

» Wanzen haben kein Puppenstadium. Hier sitzt eine Nymphe der Grünen Stinkwanze (rechts) neben einer erwachsenen Dickfühlerweichwanze, einem Räuber von Blattläusen.

» Eine junge Grüne Stinkwanze saugt frecherweise an einer Erdbeere – oder nur an einem Samen?

» Die wärmeliebende Streifenwanze profitiert vom Klimawandel und breitet sich immer weiter nach Norden aus. Sie saugt an Doldenblütlern, hier an der Süßdolde.

Sekret in die Frucht pumpt, damit diese wie ein Fruchtcocktail aufgesaugt werden kann. Leider wird die Beere dadurch ungenießbar. Diesen Fauxpas macht sie aber durch das gelegentliche Verspeisen von Blattläusen wieder wett. Der Waldwächter (*Arma custos*) erbeutet sogar sehr große Insekten wie Kartoffelkäfer oder Asiatische Marienkäfer. Blumenwanzen (*Anthocoridae*) haben sich als Nützlinge profiliert, die Blattläuse, Thripse oder Spinnmilben fressen.

Wichtig für die Artenvielfalt

Wanzen sind Beute von Spinnen, Vögeln und Laufkäfern. Die Wanzen-Grabwespe (*Astata boops*) fängt Baumwanzen als Larvenfutter. Die Wanzenfliege (*Phasia hemiptera*) legt Eier auf ihren Wirt, zum Beispiel an die Grüne Stinkwanze. Die Fliegenlarve schlüpft, bohrt sich in die Wanze und frisst sie von innen her auf.

493 50 220 30 86 12

SAL-WEIDE

Salix caprea

STECKBRIEF

- Höhe 3–6 m, Breite 3–4 m
- gelbe, duftende Kätzchen von März bis April
- für Sonne oder Halbschatten
- mag einen nährstoffreichen, feuchten bis trockenen Boden
- heimisch
- Flachwurzler

Welche Dosis Insektenglück darf es sein? Die Wildform eignet sich für größere Gärten, ist aber schnittverträglich. Mit ihrer Blütenfülle und Blattmasse kann sie ordentlich was tun für die Artenvielfalt. Eine Nummer kleiner, als Hängekätzchen-Weide, passt sie sogar auf den Balkon. Es gibt männliche und weibliche Pflanzen – meist wird nur die männliche Form angeboten, was bei aller Gleichberechtigung nicht weiter schlimm ist, da es Wildbienen wie Weiden-Sandbiene, Frühlings-Seidenbiene, *Andrena clarkella* oder *A. praecox* sowieso auf den Pollen abgesehen haben und beide Weiden-Geschlechter Nektar produzieren. Daher finden sich auch immer Schmetterlinge wie Kleiner Fuchs (im Bild), C-Falter und Tagpfauenauge an allen Blüten ein, vor allem, da es im zeitigen Frühjahr noch wenig Nektar gibt. Das Laub der Weide wird von einer unglaublichen Zahl an Raupen überfallen, vom Schönbär über den Pappelschwärmer bis zum Nachtpfauenauge, Kleinen Schillerfalter und Großen Fuchs. Der wuchtige Weidenbohrer braucht härtere Kost und frisst sich durchs Holz.

MEIN TIPP: Geschnitten werden Weiden direkt nach der Blüte. Soll für Raupen noch etwas übrig bleiben, lässt man einfach jeden zweiten Ast stehen.

Sorten:

- Hängekätzchen-Weide: männlich, bis 1,50 m hoch
- 'Mas': männlich, 4–8 m hoch

EINGRIFFLIGER WEIẞDORN

Crataegus monogyna

Er duftet nicht nach Rosen, obwohl er zu den Rosengewächsen gehört: Den unangenehmen Geruch der weißen Blüten erträgt man am besten als Hausbaum oder nicht gerade in Sitzplatznähe. Sehen können muss man ihn aber, weil er ganz in Weiß betörend aussieht. Fliegen, auch Schwebfliegen, finden das fischartige Odor im Gegensatz zu uns sehr lockend. Auch Wildbienen fühlen sich von ihm angezogen, vor allem Sand-, Schmal- und Furchenbienen und die Gehörnte Mauerbiene. Blütenbesuchende Käfer wie Rosen- (im Bild), Bock- und Maikäfer finden reichlich Pollen. Rasend beliebt ist der Weißdorn aber vor allem als Raupenfutter, was Baumweißling, Gespinstmotten, Weißdorn-Zwergwickler, Weißdorneule, Segelfalter und die Kupferglucke in den Garten lockt, Letztere imitiert als Falter ein trockenes Blatt. Auch bei Blattsaugern ist Weißdorn erste Wahl, weshalb Schwebfliegen nicht nur wegen der Blüten vorbeischauen, sondern sich auch um die Blattläuse kümmern. Mehrere Bockkäferarten leben im Totholz.

MEIN TIPP: Bei wenig Platz bietet sich eine Hecke an, die für Blüten und Früchte nicht zu streng geschnitten werden sollte. Kümmerwüchsige Weißdorne sind beim Segelfalter zur Eiablage besonders beliebt.

Sorten:
- 'Compacta': dichtwachsend, 2–4 m hoch
- 'Flexuosa': korkenzieherartige Zweige, 2–3 m hoch und breit
- 'Stricta': Säulenform, 5–8 m hoch, nur 2–3,50 m breit

STECKBRIEF
- Höhe 3–5 m, Breite 5–6 m
- weiße Blüten von Mai bis Juni
- rote, essbare Früchte
- für Sonne oder Halbschatten
- mag einen nährstoffreichen, frischen bis trockenen Boden
- heimisch
- Tiefwurzler

» Ein Tagpfauenauge an einem Birnbaum.

BÄUME FÜR KLEINE GÄRTEN – VON AHORN BIS WEIDE

Schatten spenden, Insekten und Vögel anlocken: Das können Bäume auf hohem Niveau.

Biodiversitäts-index (mehr dazu auf Seite 11)	Anzahl der Wildbienen-arten an der Pflanze	Anzahl der Raupenarten	Anzahl der Schmetterlings-arten	Anzahl der Käferarten	Anzahl der Wanzenarten

FELD-AHORN

Acer campestre

STECKBRIEF

- Höhe 5–15 m, Breite 5–10 m
- grüne Blüten im Mai
- für Sonne oder Halbschatten
- mag humosen, kalkhaltigen, durchlässigen Boden
- heimisch
- schöne Herbstfärbung
- Herzwurzler

Von allen Ahornarten ist dieser Feld-Wald-und-Wiesen-Ahorn der handlichste. Selbst die Wildform, deren Flugsamen sich gern mit Windkraft in den Garten aussäen, ist kompakt zu halten. Allerdings bringt man sich damit um die Blüten, die zwar nicht spektakulär sind, aber doch bescheidene Sandbienen und die Rostrote Mauerbiene anlocken – wenn ihnen die Raupen vom Feldahorn-Blütenspanner nicht die Blüten vor der Nase wegfuttern. Die Larven von Ahorn-Zahnspinner, Ahorn-Gürtelpuppen-spanner und vielen weiteren Nachtfaltern fressen am Laub. Besonders unter Klein-schmetterlingen ist der Baum gefragt, sie minieren in verschiedenen Pflanzenteilen. Da auch viele Blattlausarten über ihn herfallen, eilt gleich die Kavallerie herbei, um sie zu vertilgen, wie Schwebfliegen, Florfliegen und Marienkäfer (im Bild). Käfer wie der Feldahorn-Bock danken es uns, wenn wir unter den toten Ästen nicht allzu gründlich aufräumen, denn sowohl Rinde als auch Holz finden noch dankbare Abnehmer, vor allem, da die Zweige deftige Korkleisten bieten.

MEIN TIPP: Der Feld-Ahorn ist nicht giftig für Pferde und andere Haustiere. Das Laub ist so kleinteilig, dass es mühelos als Mulch verwendet werden kann und Stauden und Zwiebelblumen nicht behindert.

Sorten:

- 'Nanum': Kugelform, 6–8 m hoch, 4–8 m breit
- 'Fastigiata': säulenförmig, nur 2–3 m breit

513 48 192 2 112 64

APFEL

Malus domesticus

Ist das nicht schön, wenn ein Baum, den man eigentlich für sich selbst und die eigene Vitaminversorgung pflanzt, auch so viele Insekten ernährt und dazu noch Vögel, Eichhörnchen, Siebenschläfer und andere Pelztiere? Je größer, desto besser, aber auch in den kleinsten Garten passt wenigstens ein Säulenapfel. Die Blüten, die geradezu verschwenderisch erscheinen, lassen das Gehölz brummen wie einen Transformator, was auf das Konto von Honigbienen geht. Die vielen Hummeln, Sand-, Mauer-, Schmal- und Furchenbienen sowie die Frühlings-Seiden- und die Frühlings-Pelzbiene sind nicht so lautstark. Am Laub fressen die Raupen vom Großen Fuchs, Segelfalter und dem Baumweißling, aber auch von einer großen Anzahl an Spannern, Eulen und Wicklern. Die Apfel-Gespinstmotte kann die Blätter zusammenspinnen, was gruselig aussieht, aber meist nicht schadet. Grünlinge picken sie aus den Gespinsten.

MEIN TIPP: Ein Apfel lässt sich sehr gut mit Stauden unterpflanzen, so kann die Frühlings-Pelzbiene am Boden Lungenkraut vorfinden, wenn sie sich erschöpft aber satt aus den Apfelblüten fallen lässt. Alte Bäume liefern Totholz und sind erste Wahl bei Holzbienen und unzähligen Pracht- und Bockkäfern, zur Blüte kommen sie selbst im hohen Alter, wenn sie berankt werden mit Clematis oder einer Ramblerrose.

STECKBRIEF

- Höhe und Breite sind sortenabhängig
- rosa Blüten von April bis Mai
- für Sonne oder Halbschatten
- mag einen durchlässigen, humosen, feuchten bis frischen, kalkhaltigen, nährstoffreichen Boden
- Herzwurzler

BIENENWÖLFE UND ANDERE WESPEN

Wespen können mehr als Kuchen essen. Es gibt eine ganze Reihe interessanter solitärer Arten – allesamt räuberische kleine Handwerker, die im Boden oder im Bienenhotel nisten.

» Das Lehmkunstwerk der Schornsteinwespe ist kein Hindernis für ihren Brutparasiten, die Bunte Goldwespe.

Der Bienenwolf ist eine große Grabwespe und gräbt die Nistgänge bevorzugt in sandige Pflasterfugen. Er profitiert vom urbanen Imkertrend, denn seine Beute sind Honigbienen. Im Garten lassen sich die Weibchen gut beobachten, wenn sie von Blüten aus auf ihre Opfer lauern, die sie überwältigen und ins Nest tragen, was Schwerstarbeit ist. Locken können wir ihn mit einem Sandarium oder in Sand verlegten Pflastersteinen.

Martialische kleine Baumeister

Beim Bienenwolf sieht das Jagen noch harmlos aus. Die schwarze, zierliche Tönnchenwegwespe dagegen fängt Spinnen als Larvennahrung, denen sie zum besseren Transport die Beine entfernt. Sie baut Brutzellen aus Lehm, oft hinter Brettern oder in anderen Hohlräumen. Als Baumaterial trägt sie mitunter sehr erfinderisch den Lehmverschluss von Mauerbienennestern ab. Im Bienenhotel lebt auch eine andere zierliche Art, die Töpfergrabwespe (*Trypoxylon figulus*). Sie fängt kleine Spinnen und hat die Blaue Goldwespe im Schlepptau, die als Brutparasit auftritt. Die Gemeine Schornsteinwespe (*Odynerus spinipes*) baut an Lehmwänden, auch in geeigneten Nisthilfen mit Lößanteil, Nester mit nach unten zeigendem, wasserhahnähnlichen Vorbau aus Lehm. Sie trägt Rüsselkäferlarven ein.

» Bienenwölfe lauern gern an Minze und Edeldisteln auf Honigbienen, so können sie immer wieder Nektar naschen. Auch die Männchen finden sich hier ein.

» Die Tönnchenwegwespe hat eine Spinne gefangen. Fällt die Beute herunter, findet die schlaue Dame sie immer wieder, auch wenn sie weiter entfernt zu liegen kommt.

Die Bunte Goldwespe (*Chrysis viridula*) lässt sich von dem cleveren Schornstein nicht foppen und läuft einfach in die Nester hinein, um dort als Brutparasit ihre Eier abzulegen. Töpferwespen (*Eumenes*) bauen Lehm-Amphoren an Wände oder anderswo, in die sie Spannerraupen stopfen. Sie fliegen in mehreren Generationen und sind noch bis in den Oktober hinein auf Doldenblüten, wie Fenchel, zu finden.

EBERESCHE

Sorbus aucuparia

Die weißen Blüten riechen etwas streng und sind nicht jedermanns Sache, aber bei Insekten gerade wegen des befremdlichen Geruchs erste Sahne: Fliegen und Käfer lieben sie, außerdem sammelt die Frühlings-Seidenbiene hier Pollen, die sonst eher duftende Weidenblüten bevorzugt. Auch viele Sand- und Schmalbienen sind hier zu finden. Rosenkäfer glänzen wie Juwelen auf den Blütenständen. Treten Blatt- oder Schildläuse an der Eberesche auf, eilen gleich 14 Marienkäferarten zu Hilfe, angeführt vom Nierenfleckigen Kugelmarienkäfer. Unter den Raupen gibt es zahlreiche Spanner, Eulen und Wickler, die am Laub fressen, aber auch Tagfalterarten wie den Segelfalter und den Baumweißling. In manchen Regionen fressen Lindenschwärmerraupen am Laub. Die Braune Randwanze mag die Früchte gern, da ist sie in guter Gesellschaft mit vielen Vogelarten. Ein Manko der Eberesche ist ihre geringe Trockenheitsverträglichkeit, was sie eher für nicht ganz so trockene Standorte empfiehlt.

MEIN TIPP: Die Früchte der Eberesche sind nur roh nicht zum Verzehr geeignet. Gekocht baut sich die Parasorbinsäure ab. Bei der Sorte 'Edulis' sind die Beeren auch ungekocht genießbar.

Sorten:

- 'Autumn Spire': Säulenform, gelbe Früchte
- 'Fingerprint': säulenförmig, nur 1–4 m breit bei 5–8 m Höhe

STECKBRIEF

- Höhe 8–15 m, Breite 4–6 m
- weiße Blüten von Mai bis Juni
- orangefarbene Früchte im Spätsommer
- für Sonne oder Halbschatten
- mag einen humosen, frischen bis feuchten, durchlässigen Boden
- heimisch
- Herzwurzler

599 8 201 0 119 23

STIEL-EICHE

Quercus robur

Die gute deutsche Eiche wird nicht nur uralt, sondern ist besonders für Raupen, Gallbildner und Totholzliebhaber ein gefundenes Fressen. Neben Laub und Holz gibt es auch noch große, nahrhafte Früchte, die man befallen und ausfressen kann. Allerdings sind kleine Gärten mit einer Eiche schnell überfordert. Hier springen kleinbleibende Sorten ein, wobei ein großer Teil der Nutznießer dann leer ausgeht, denn nur bei einem gestandenen Baum fällt auch genug Totholz und Mulm in Astlöchern an. Schmetterlinge wie der Blaue und der Braune Eichen-Zipfelfalter legen ihre Eier an die Knospen, dazu erscheint eine überwältigende Anzahl an Eulenfaltern, Wicklern, Spannern und Spinnern. Häufig sind auch Rüssel- und Bockkäfer – und wer könnte diesen niedlichen oder kapitalen Käfern widerstehen? Obwohl windbestäubt, werden die Blüten von der Rostroten Mauerbiene und einigen Sandbienen als Pollenquelle genutzt, vor allem von der seltenen Eichen-Sandbiene (*Andrena ferox*).

MEIN TIPP: Die Sorte 'Compacta' passt in jeden Garten und man kann auf Augenhöhe nach Eiern oder Raupen der Eichen-Zipfelfalter suchen. Totholz größerer Eichen aus anderen Gärten kann unter dem Minibaum weitere Kostgänger anlocken.

Sorten:

- 'Compacta': nur 2,50 m Höhe und 2 m Breite
- 'Fastigiata': säulenförmig, nur 3–4 m breit bei 15–20 m Höhe

STECKBRIEF

- Höhe 25–30 m, Breite 15–20 m
- unscheinbare Blüten im Mai
- 2–3 cm große Eicheln
- für Sonne oder Halbschatten
- mag einen humosen, frischen oder trockenen Boden
- heimisch
- Tief- bis Herzwurzler

64 | 10 | 32 | 4 | 15 | 3

FELSEN-KIRSCHE, STEIN-WEICHSEL

Prunus mahaleb

STECKBRIEF

- Höhe 2,50–5 m, Breite 2–4 m
- weiße Blüten von April bis Mai
- dunkelrote, später schwarze Beeren
- für Sonne bis Halbschatten
- mag einen trockenen, durchlässigen, gern steinigen Boden, kalkliebend
- heimisch
- Tiefwurzler

Wo eine Süß-Kirsche unglücklich wäre, blüht die Felsen-Kirsche erst so richtig auf. Die trockensten, steinigsten Plätze sind ihr gerade recht, sie ist sehr trockenheitsverträglich, außerdem bleiben ihre Ausmaße überschaubar. Ihre weißen Blüten liefern ein Frühlingsschauspiel erster Güte und werden hauptsächlich von Hummeln und Sandbienen besucht. Als Pollenquelle sind sie für die seltene Sandbiene *Andrena thoracica* wichtig. Schwebfliegen sind ebenfalls an den Blüten zu sehen, und wo sie schon mal da sind, finden sie gleich auch einige Blattlausarten für ihre Larven. Prachtkäfer bohren im Holz, der Kirschkernstecher, ein kleiner Rüsselkäfer, macht es sich leichter und bohrt lieber in den Früchten. Wenn trotzdem genug der bitteren, aber essbaren Kirschen übrig bleiben, toben sich Vögel in diesem Baum aus. Unter den Faltern sind es vor allem der Segelfalter und das Wiener Nachtpfauenauge, deren Raupen wir gern am Laub begrüßen. Die Steinweichsel-Gespinstmotte treibt es manchmal zu bunt, lockt aber wiederum Raubwanzen an, die die Raupen in Schach halten.

MEIN TIPP: Der Baum ist schnittverträglich und robust. Er kann zur Hangbefestigung genutzt werden. Eine Vermehrung aus Samen ist möglich.

ECHTER KREUZDORN

Rhamnus cathartica

Man kann den Kreuzdorn für die Vögel pflanzen, die die schwarzen Früchte lieben. Oder man pflanzt ihn als Raupenbaum, denn der Publikumsliebling unter den Weißlingen, der Zitronenfalter, legt hier genauso Eier ab wie am Faulbaum. Doch er kann noch mehr, denn auch Nachtfalter nutzen ihn, darunter Faulbaum-Glasflügler, Kreuzdorn-Steinspanner, Kreuzdorn-Zipfelfalter, Garten-Bläuling und Grüner Zipfelfalter. Blattsauger kommen ebenfalls auf ihre Kosten, wie die hübsch rot gezeichnete Faulbaum-Feuerzikade, diverse gut getarnte Weichwanzen, die Braune Randwanze und mehrere Blattläuse als Futter für Schwebfliegenlarven. Drei Sandbienenarten besuchen die Blüten, wie *Andrena helvola*. Der Kreuzdorn ist anspruchslos an den Boden und verträgt Trockenheit.

MEIN TIPP: Ein Kreuz mit dem Kreuzdorn können die Ausläufer sein. Bei zu wenig Platz, Angst vor Ausläufern oder nur einem großen Kübel eignet sich die zwergige Verwandtschaft in Form von Alpen- und Zwerg-Kreuzdorn. Sie sind trockenheitsverträglich und können sogar auf Mauerkronen wachsen oder bei der Dachbegrünung eingesetzt werden. Der Zitronenfalter ist ihnen gegenüber nicht abgeneigt.

STECKBRIEF

- Höhe und Breite 2–5 m
- unscheinbare grünliche Blüten von Mai bis Juni
- schwarze giftige Beeren
- dornige Zweige
- für Sonne bis Halbschatten
- mag einen humosen, feuchten bis trockenen Boden, kalkliebend
- gelbe Herbstfärbung
- Tiefwurzler, kann Ausläufer bilden

122 5 39 16 14 20

WINTER-LINDE

Tilia cordata

STECKBRIEF

- Höhe 15–30 m, Breite 10–15 m
- gelbe duftende Blüten von Juni bis Juli
- für Sonne oder Halbschatten
- mag einen humosen, frischen, nährstoffreichen Boden, kalkliebend
- gelbe Herbstfärbung
- Herzwurzler

Die auffälligsten Linden-Liebhaber sind Feuer- und Lindenwanze, die zu großen Versammlungen neigen. Die rot-schwarze Feuerwanze saugt an den Früchten. Etwas versteckter lebt die hübsch getupfte Weichwanze *Phytocoris tiliae*. Unter den solitären Wildbienen ist es *Andrena argentata*, die Pollen sammelt. Insbesondere Baum-, Wiesen- und Erdhummel nutzen die Blüten. Auffällig werden sie, wenn sie unter den Bäumen verhungern, da im Juni in den Städten wenig blüht, die duftende Linde aber Heerscharen von hungrigen Hummeln lockt. Der Nektar reicht dann bei der großen Konkurrenz – auch zu Honigbienen – nicht mehr für alle. Giftig ist der Nektar jedoch nicht, sogar die lange unter Verdacht stehende Silber-Linde wurde freigesprochen. Schwebfliegen, Rosenkäfer, Kohlweißlinge, Zitronen- und C-Falter (im Bild) sowie der Garten-Bläuling besuchen die Blüten. Am Laub fressen Lindenschwärmer, Linden-Gelbeule, Großer Schneckenspinner und Frühlings-Wollafter.

MEIN TIPP: Keine Angst vor Lindenlaub. Es ist rasch kompostiert und dient dem Bodenleben als Biotop.

Sorten:

- 'Green Globe': Kugelbaum, 6 m hoch, Stammhöhe etwa 2 m
- 'Lico': sehr kleiner Baum mit kugelförmiger Krone, meist nur bis 6 m hoch
- 'Monto': sehr ähnlich 'Lico'
- 'Rancho': 8–12 m hoch und 4–6 m breit, schmale kegelförmige Krone

74 | 4 | 34 | 1 | 12 | 6

ECHTE MEHLBEERE

Sorbus aria

Nur echt mit der bemehlten Blattunterseite – das ist die Echte Mehlbeere. Da sie selten wild vorkommt, kann man auch zu ihrer eigenen Arterhaltung beitragen, indem man sie pflanzt. Die Gartenvögel werden begeistert die Beeren futtern. Seltene Schmetterlinge wie Segelfalter, Baumweißling, und Großer Fuchs, aber auch Mondvogel und Apfelbaum-Glasflügler leben als Raupe am Baum. Die Graue Gartenwanze und mehrere Netzwanzen saugen Saft, genauso wie einige Blattlausarten, die Schwebfliegen anlocken, welche zur Stärkung auch die Blüten nutzen. Pracht- und Bockkäfer entwickeln sich im Holz, zum Beispiel Birnen- und Schmaler Obstbaum-Prachtkäfer, Mattschwarzer Blütenbock und Dunkler Zierbock. Der Fünfpunktige Blattkäfer frisst an den Blättern. Mehrere Schmal- und Sandbienenarten und Hummeln besuchen die weißen Blüten.

MEIN TIPP: Die Mehlbeere lässt sich mit Geschick als Gruppe gepflanzt zu einer Laube formieren. Sie ist der perfekte Schattenbaum für trockene Böden und Innenhöfe.

Sorten:
- 'Lutescens': 6–10 m hoch, 4–6 m breit, runde, kompakte Krone
- 'Magnifica': 6–12 m hoch, 4–6 m breit, zunächst schmal kegelförmig wachsend, später breiter
- 'Majestica': 6–12 m hoch, bis 6 m breit, dichte, pyramidale Krone

STECKBRIEF
- Höhe 8–10 m, Breite 4–7 m
- weiße Blüten von Mai bis Juni
- für Sonne oder Halbschatten
- mag einen nährstoffreichen, trockenen Boden ohne Staunässe
- rötliche, essbare Beeren
- trockenheitsverträglich und sturmerprobt
- heimisch
- Herzwurzler

TARNEN UND TÄUSCHEN: SCHWEBFLIEGEN

Die Lieblinge unter den Zweiflüglern sind Meister der Täuschung und imitieren gekonnt bestechende Hautflügler, wie Wespen, Bienen oder Hummeln, um Feinden zu entgehen.

Die Kunstflieger können ewig auf einer Stelle schweben und lieben Blumen, die den Pollen offenherzig anbieten, wie Hahnenfuß- und Rosengewächse, Korb- und Doldenblütler. Schwebfliegen können den Fruchtansatz bei Erdbeeren um 70 Prozent erhöhen. Besonders die Breitband-Feldschwebfliege (*Eupeodes latifasciatus*), eine als Larve blattlausfressende Art, hat sich als Erdbeerbeauftragte hervorgetan. Nur die Schauzenschwebfliege, deren Larven in Kuhfladen leben, ist mit ihrer langen Nase in der Lage, in tiefere Blüten einzudringen. Beim Blütenbesuch sind sich die meisten Schwebfliegen einig, bei der Larvennahrung aber gibt es Unterschiede. Räuberische Arten befreien in Nullkommanix Pflanzen von Blattläusen. Es gibt drei Larvenstadien, das letzte frisst die meisten Blattläuse. Die tropfenförmig aussehende Puppe wird dann oft direkt an die Pflanze geheftet. Je nach Art schlüpft die adulte Schwebfliege nach wenigen Wochen oder mehreren Monaten. Die Nachkommen der Gemeinen Wespenschwebfliege leben unterirdisch und jagen Wurzelläuse.

» Die Rattenschwanzlarven der Sumpfschwebfliege (hier am Knotigen Storchschnabel) leben im Schlamm von Gewässern. Ihnen reicht schon ein bepflanzter Miniteich.

» Die Matte Schwarzkopfschwebfliege ist schmächtig und unscheinbar. Ihre Larven überwintern in der Laubstreu.

Einige unserer größten Schwebfliegenarten sind die Putzkolonne in den Nestern staatenbildender Hautflügler. Die riesige Hornissenschwebfliege, die Gemeine und die Hummel-Waldschwebfliege ernähren sich als Larve von Detritus in Hummel-, Wespen- oder Hornissennestern. Erzschwebfliegen minieren in den Blättern von Fetthenne oder Bärlauch.

Die Rattenschwanzlarven von Mistbiene und Totenkopfschwebfliege leben in fauligem Wasser und haben einen langen Schnorchel. Ihnen kann man mit Laub angereichertes Wasser anbieten. Auch in Holzmulm leben einige Arten, wie die Gattungen *Criorhina* und *Xylota*. Sie lassen sich mit Totholz fördern.

» Die Hainschwebfliege, hier an der Winter-Heckenkirsche, ist eine der häufigsten Arten. Ihre Larven sind stets hungrige Blattlausjäger.

144 | 11 | 80 | 10 | 19 | 4

GEWÖHNLICHE TRAUBENKIRSCHE

Prunus padus

STECKBRIEF

- Höhe 5–15 m, Breite 4–8 m, schnittverträglich
- weiße Blüten von April bis Mai
- schwarzrote Beeren im Juli, selbstfruchtbar
- für Sonne bis Halbschatten
- mag einen nährstoffreichen, frischen Boden
- gelbe Herbstfärbung
- Flachwurzler

Manchmal übertreibt es die heimische Traubenkirsche mit der Insektenfreundlichkeit, wenn sie nach einem Befall mit der Traubenkirschen-Gespinstmotte blattlos und eingesponnen herumsteht. Sie treibt aber danach wieder aus, wofür ihr unzählige Eulenfalter, Wickler, Spanner und Zikaden äußerst dankbar sind. Ebenso wie die Schlehe ist die Traubenkirsche Raupenfutterpflanze vom Nierenfleck- und Pflaumen-Zipfelfalter. Die meisten Löcher in den Blättern stammen aber vom Fünfpunktigen Blattkäfer, dessen grüne Larven mit Schmetterlingsraupen verwechselt werden können. Werden die Blätter längs eingerollt, könnte die Raupe des Wicklers *Eudemis porphyrana* dahinterstecken. Unordentlich zusammengesponnene Blätter deuten auf den Weißfleck-Traubenkirschwickler hin. Wildbienen naschen an den weißen Blüten, die in sensationell üppigen Trauben hängen, eher Nektar, doch die Frühlings-Seidenbiene, die Aschgraue und die Rotschopfige Sandbiene sammeln hier auch Pollen. Extraflorale Nektarien an den Blättern versorgen Ameisen.

MEIN TIPP: Sollte dieser kleine Baum bis Großstrauch zu ausladend werden, kann er beherzt zurückgeschnitten werden. Selbst auf den Stock setzen verträgt er.

Sorte:

- 'Bicolor': dunkelgrünes Laub mit violetten Adern, Höhe 5–9 m, Breite 4–6 m

MANDEL-WEIDE

Salix triandra

Weiden sind typische Frühlingsblüher, doch die Immerblühende Mandel-Weide kann es einfach nicht lassen und hat das Blühen zum Beruf gemacht – sie treibt auch im Sommer noch neue Kätzchen, sehr zur Freude von Wildbienen, Hummeln, Schwebfliegen und Schmetterlingen. Vor allem Sandbienen wie die Rotbauch-Sandbiene besuchen die Blüten. Wer sich in den hübschen Gefleckten Weidenblattkäfer verguckt hat, wird hier enttäuscht, denn er meidet die Mandel-Weide, wird aber durch den Kleinen Weidenblattkäfer und andere würdig vertreten. Die Raupen von Zackeneule, Pappelschwärmer, Zwergminiermotten und vom Späten Weiden-Faltenminierer fressen am Laub, die Larven vom Rotbauchigen Weiden-Glasflügler im Holz. Die Weidenschaumzikade lässt die Weide überschäumen, die Mandelweiden-Würfel- und die Mandelweiden-Maskenzikade fressen an den Blättern. Die Blattwespe *Euura triandrae* produziert kaffeebohnenähnliche Gallen. Verschiedene Blattlausarten komplettieren den Nutzen für Schwebfliegen, Blumenwanzen und andere Räuber.

MEIN TIPP: Die Weide lässt sich gut schneiden und kann mit dem Schnittgut leicht aus Stecklingen vermehrt werden. Sie ist ein guter Bodenbefestiger, vor allem an feuchten Stellen wie an Uferböschungen.

Sorte:

- 'Semperflorens', Immerblühende Mandel-Weide: blüht von Frühjahr bis Sommer

STECKBRIEF

- Höhe 3–8 m, Breite 2–6 m
- grünliche Kätzchenblüten von April bis Mai
- für Sonne bis Halbschatten oder lichten Schatten
- mag einen frischen, humosen, nicht zu trockenen Boden
- heimisch
- Flachwurzler

» Ein Männchen der Gehörnten Mauerbiene an der Nisthilfe.

SERVICE

Wo bekommt man Pflanzen für Insekten und wie erkennt man die Sechsbeiner überhaupt? Hier finden Sie Bezugsquellen, Buchtipps und mehr.

NOCH MEHR IDEEN FÜR INSEKTEN

Windbestäubt, aber wichtig: Zierende heimische Gräser und ihr Nutzen für Insekten

DEUTSCHER NAME	BOTANISCHER NAME	BIODIVERSITÄTSINDEX	BESONDERE GÄSTE
Echtes Federgras	*Stipa pennata*	19	Kleine Rostbinde
Schneeweiße Hainsimse	*Luzula nivea*	2	Hummeln
Wald-Hainsimse	*Luzula sylvatica*	14	Braune Erdeule
Wimper-Perlgras	*Melica ciliata*	5	
Blaues Pfeifengras	*Molinia caerulea*	85	4 Dickkopffalter
Haar-Pfriemengras	*Stipa capillata*	19	
Silber-Raugras	*Achnatherum calamagrostis*	2	
Wald-Reitgras	*Calamagrostis arundinacea*	62	Braunkolbiger Braun-Dickkopffalter, 20 Wanzenarten
Draht-Schmiele	*Deschampsia flexuosa, Avenella flexuosa*	100	Rostfarbiger Dickkopf-falter, Braune Erdeule
Rasen-Schmiele	*Deschampsia cespitosa*	115	2 Dickkopffalter, Waldbrettspiel
Echter Schaf-Schwingel	*Festuca ovina*	4	
Berg-Segge	*Carex montana*	12	
Hänge-Segge	*Carex pendula*	7	
Wald-Segge	*Carex sylvatica*	22	Waldbrettspiel
Mittleres Zittergras	*Briza media*	20	
Wald-Zwenke	*Brachypodium sylvaticum*	69	5 Dickkopffalter, Braune Erdeule, Waldbrettspiel

DIE AUTORIN

ELKE SCHWARZER ist Diplom-Biologin und so oft es geht in der Natur unterwegs. Sie fotografiert Pflanzen und Insekten und gärtnert in ihrem Naturbiogarten mit Kompost, torffreier Erde und ohne Pestizide. Mehrere Bienenhotels, einen Hummelnistkasten und Aurorafalter, die ihre Eier am Silberblatt ablegen, gibt es in ihrem Garten zu entdecken, allerdings auch etliche Nacktschnecken, denen sie mit einer entsprechenden Pflanzenauswahl den Appetit verdirbt. Im Winter untersucht sie das Bodenleben mit dem Makroobjektiv und hält das aufregende Leben von Kugelspringer und Co. im Bild fest. Ihre Fotos zeigt sie bei Instagram unter **@guenstiggaertnern**. Unter **www.guenstiggaertnern.blogspot.com** berichtet sie auch über ihre Gartenerlebnisse.

ARTENZAHLEN: REFERENZEN & QUELLEN

Plant Parasites of Europe
Listen mit Pflanzenparasiten Europas pro Pflanze: Blattminierer, Gallbildner, Mikropilze, auch Blattfresser und Stängelbohrer, www.bladmineerders.nl

www.floraweb.de
Raupenfutter- und Nektarpflanzen, Listen mit Schmetterlingen pro Pflanze

Fürst, McMahon, Osborne, Paxton, Brown, 2014
Disease associations between honeybees and bumblebees as a threat to wild pollinators. In: Nature 506, 364–366, 201

www.lepiforum.de
Bestimmung von Schmetterlingen und ihren Präimaginalstadien

www.naturadb.de
Pflanzenporträts inklusive ihres Wertes für Insekten und Vögel

www.natur-in-nrw.de
Liste der Wanzenarten pro Pflanze www.natur-in-nrw.de/HTML/Artenlisten-Download.html

www.naturspaziergang.de
Artenporträts

observation.org
Melden und Bestimmen von Beobachtungen, Liste von Nutznießern der Pflanzen

www.pyrgus.de
Ökologie heimischer Schmetterlingsarten

Richert, A., Brauner, O.
Nektarpflanzen und andere Nahrungsquellen sowie Raupennahrungspflanzen der Tagfalter von Brandenburg und Berlin (Lepidoptera: Rhopalocera et Hesperiidae) www.zobodat.at/pdf/Maerkische-Ent-Nachr_2018_2_0155-0240.pdf

Sauberer, Vendler, Kratschmer
Honigbienen stehlen Pollen von Wildbienen, Biodiversity and Conservation Biology in Eastern Austria, BCBEA 7/1 (März 2023)

www.stechimmen-owl.de
Stechimmen in Ostwestfalen-Lippe

Westrich, Dr. Paul
www.wildbienen.info

www.wildbienen.de

www.wildbienenwelt.de
Pflanzenporträts mit Wildbienenscore

Zurbuchen, Müller
Wildbienenschutz: von der Wissenschaft zur Praxis, Haupt 2012

BEZUGSQUELLEN

Pflanzen

Eggert Pflanzenhandel
Baumschulenweg 2
25594 Vaale
www.eggert-baumschulen.de

Foerster Stauden
Am Raubfang 6
14469 Potsdam-Bornim
www.foerster-stauden.de

Staudengärtnerei Gaißmayer
Jungviehweide 3
89257 Illertissen
www.gaissmayer.de

Baumschule Horstmann
Bergstraße 5
25582 Hohenaspe
www.baumschule-horstmann.de

Jelitto Staudensamen
Am Toggraben 3
29690 Schwarmstedt
www.jelitto.com

Rieger-Hofmann
Saatmischungen für Wildpflanzenwiesen
In den Wildblumen 7
74572 Blaufelden-Raboldshausen
www.rieger-hofmann.de

Bioland-Rosenschule Ruf
Zum Sauerbrunnen 35
61231 Bad Nauheim-Steinfurth
www.rosenschule.de

Pflanzenhof Schachtschneider
In den Bergen 37–39
27801 Dötlingen-Aschenstedt
www.schachtschneider.com

Stauden Stade
Beckenstrang 24
46325 Borken-Marbeck
www.stauden-stade.de

Gärtnerei Strickler
Lochgasse 1
55232 Alzey-Heimersheim
www.gaertnerei-strickler.de

Syringa Samen
Wildblumenmischungen für Wildbienen
Bachstraße 7
78247 Hilzingen-Binningen
www.syringa-pflanzen.de

Templiner Kräutergarten
Elsternest 1
17268 Templin
www.templiner-kraeutergarten.de

Baumschule Lorenz von Ehren
Maldfeldstraße 4
21077 Hamburg
www.lve-baumschule.de

Sarastro-Stauden
4974 Ort im Innkreis 131
Österreich
www.sarastro-stauden.com

Nisthilfen

Claytec
Lehm für Insektennisthilfen
Nettetaler Straße 113
41751 Viersen
www.claytec.de

Das Hummelhaus
Nistkästen inklusive Wachsmottenklappe
Weißdornweg 1
47877 Willich
www.das-hummelhaus.de

Schwegler Vogel- und Naturschutzprodukte
Hummelkasten aus Holzbeton und Nistblock für Wildbienen, Vogelnistangebote
Heinkelstraße 35
73614 Schorndorf
www.schwegler-natur.de

Wildbiene.com
Nistblock für Wildbienen aus Ton
Heimersfeld 77
46244 Kirchhellen
www.wildbiene.com

ZUM WEITERLESEN

Bellmann, Heiko und Helb, Matthias:
Bienen, Wespen, Ameisen
Franckh Kosmos Verlag, 4. Auflage 2024

Bellmann, Heiko und Ulrich, Rainer:
Der neue Kosmos Schmetterlingsführer. Schmetterlinge, Raupen und Futterpflanzen
Franckh Kosmos Verlag, 3. Auflage 2016

Deckert, Jürgen und Wachmann, Ekkehard:
Die Wanzen Deutschlands. Entdecken – Beobachten – Bestimmen
Quelle & Meyer 2020

Gigon, Andreas und Stauffer, Felix:
Symbiosen beobachten
Haupt-Verlag 2024

Helb, Matthias:
Der Kosmos Käferführer
Franckh Kosmos Verlag, 8. Auflage 2021

Hermann, Gabriel:
Tagfalter suchen im Winter / Searching for Butterflies in Winter: Zipfelfalter, Schillerfalter und Eisvögel / Hairstreaks, Purple Emperors, Poplar Admiral & White Admirals
Books on Demand 2007

Hofmann, Helga:
Richtig gute Insektenhotels. Nisthilfen für Wildbienen nach dem Baukastenprinzip
Verlag Eugen Ulmer 2021

Natur&Garten 2/2023:
Wiesen & Säume
zu beziehen über shop.naturgarten.org

Settele, Josef et al.:
Schmetterlinge. Die Tagfalter Deutschlands
Verlag Eugen Ulmer, 4. Auflage 2024

Spohn, Roland und Spohn, Margit:
Bäume und ihre Bewohner. Der Naturführer zum reichen Leben an Bäumen und Sträuchern
Haupt-Verlag 2016

Spohn, Roland und Spohn, Margit:
Blumen und ihre Bewohner. Der Naturführer zum reichen Leben an Garten- und Wildpflanzen
Haupt-Verlag, 2. Auflage 2020

Ulrich, Rainer:
Schmetterlinge. entdecken und verstehen
Franckh Kosmos Verlag 2015

Schwarzer, Elke:
Heimische Pflanzen für den Garten
Verlag Eugen Ulmer, 3. Auflage 2022

Schwarzer, Elke:
Lass wachsen!
Verlag Eugen Ulmer 2023

Schwarzer, Elke:
Mein Bienengarten
Verlag Eugen Ulmer, 2. Auflage 2020

Schwarzer, Elke:
Mein Schmetterlingsgarten
Verlag Eugen Ulmer, 2. Auflage 2022

Schwarzer, Elke:
Meise mag Melisse
Verlag Eugen Ulmer, 2. Auflage 2025

Voskuhl, Janina und Zucchi, Herbert:
Wildbienen in der Stadt. Entdecken, beobachten, schützen
Haupt-Verlag 2020

Warren, Martin:
Butterflies: A Natural History (British Wildlife Collection)
Bloomsbury Wildlife 2021

Westrich, Paul:
Die Wildbienen Deutschlands
Verlag Eugen Ulmer, 2. Auflage 2019

Westrich, Paul:
Wildbienen, die anderen Bienen
Verlag Eugen Ulmer 2024

REGISTER

Bildquellen

Alle Bilder inklusive des Titelbildes stammen von der Autorin.
Die Icons zeichnete Antje Warnecke, nordendesign.de.

Impressum

Die in diesem Buch enthaltenen Empfehlungen und Angaben sind von der Autorin mit größter Sorgfalt zusammengestellt und geprüft worden. Eine Garantie für die Richtigkeit der Angaben kann aber nicht gegeben werden. Autorin und Verlag übernehmen keine Haftung für Schäden und Unfälle. Bitte setzen Sie bei der Anwendung der in diesem Buch enthaltenen Empfehlungen Ihr persönliches Urteilsvermögen ein.
Der Verlag Eugen Ulmer ist nicht verantwortlich für die Inhalte der im Buch genannten Websites.

Anmerkung zur Schreibweise (Gendering)
Gendergerechtigkeit und Inklusion sind bei uns gelebte Praxis – bei der Auswahl unserer Themen, bei der Recherchearbeit, in der Gestaltung. Unsere Texte meinen alle. Damit unsere Inhalte jedoch gut lesbar bleiben, verzichten wir in diesem Werk auf die jeweilige Mehrfachnennung oder Anpassung der Schreibweise bestimmter Bezeichnungen an die weibliche, männliche oder diverse Form.

Bibliografische Information der Deutschen Nationalbibliothek
Die Deutsche Nationalbibliothek verzeichnet diese Publikation in der Deutschen Nationalbibliografie; detaillierte bibliografische Daten sind im Internet über http://dnb.d-nb.de abrufbar.

Wollgrasweg 41, 70599 Stuttgart (Hohenheim)
E-Mail: info@ulmer.de
Internet: www.ulmer.de
Projektleitung: Doris Kowalzik
Lektorat: Antje Krause
Herstellung: Isabell Scherrieble
Umschlaggestaltung, Layout und Satz: Antje Warnecke, nordendesign.de
Reproduktion: time:ray, Jettingen
Druck und Bindung: Westermann Druck, Zwickau
Printed in Germany

MIX
Papier | Fördert gute Waldnutzung
FSC® C110508
www.fsc.org

ISBN 978-3-8186-2390-6